内藤廣と東大景観研の十五年

篠原 修
SHINOHARA Osamu

鹿島出版会

はじめに

内藤廣と旭川のプロジェクトで本格的に付き合い始めたのは平成八（一九九六）年だった。その五年後、平成一三年に内藤を東大に招聘し、五年という時間を同僚として過ごした。内藤が東大を去ったのは平成二三（二〇一〇）年。今に至っても内藤との付き合いは続いているが、内藤の定年退職を一区切りとすれば、建築家・内藤廣とは一五年の長い付き合いとなった。

東大土木工学科（現・社会基盤学科）に景観研究室が誕生したのは平成五（一九九三）年である。篠原はこの景観研究室を主宰し、平成一八（二〇〇五）年に定年退職で東大を去った。形式上の時間でいえば一三年となるが、平成二（一九九〇）年から第一期となる教え子を指導していたから、研究室と共に過ごした実質の時間は一五年となる。

内藤とともにデザイン活動をした一五年、東大景観研究室を主宰した一五年、奇しくも共に一五年という時間であった。この間の活動を記録しておこうと考え始めたのは、平成二三（二〇一一）年の秋である。内藤との一五年は土木と建築のコラボレーション創成期の一五年であり、景観研究室の一五年は土木における景観研究からデザインへ飛躍する自立の一五年である。

人間の記憶などというものは儚《はかな》いものである。思い違いはそのままに固定化し、思い込みや伝聞は時間とともに歪んで勝手な伝説となる。今のうちに可能な限り正確にという思いで平成二四（二〇一二）年の四月から執筆を始めた。書き始めてすぐに、これは内藤と篠原の個人的な関係を超えた、建築と土木の問題でもあることに気づく。さらには、公共事業や都市のトータルなデザインを妨げている我が国の社会システムにも言及すべきであることにも。

景観研究室の一五年、内藤廣との一五年は何本かの糸が複雑に、しかし有機的に絡み合って展開、発展した一五年だった。それらの糸がどのような糸であったのかを予め述べておくと以下となる。

その一は内藤と篠原の個人的な関係（一章と六章）。その二は土木という分野の中での景観の位置と内藤を招聘するに至った事情（二章）。その三は日本の公共事業の縦割りを体現している鉄道の連続立体交差事業（連立）をめぐって。連立は内藤と篠原のコラボレーションの出発点であると同時に、建築と土木、都市（地方）と鉄道（国）の関係の矛盾が端的に現れている局面でもある（三章と四章）。

その四は内藤の招聘にまつわるエピソードと内藤のデザイン教育（五章）。その五は我が国における建築と土木の歴史と、内藤の発言をきっかけとする土木と建築の比較論。さらにはそれらの文明との関係（八章と九章）。その六は実践体験に基づくコラボレーション論である（一〇章と一一章）。

この記録と論説が将来の建築と土木の関係に、いや都市計画や造園、歴史、工業意匠などを含めて、まちづくり、国づくりに関与する専門家ならびに市民に貢献することができれば、これに勝る喜びはない。

平成二五年一〇月吉日

篠原 修

東京大学工学部一号館

内藤 廣と東大景観研の十五年　目次

写真　特記なきものは著者撮影
本文設計　工藤強勝（デザイン実験室）
本文ＤＴＰ　北田雄一郎

一章　平成八年四月、都市計画家・加藤源

事の始まり

平成八（一九九六）年四月のある日、日本都市総合[*1]の加藤源[*2]から電話がかかってきた。「オフィスに来てくれないか」という電話だった。四月二二日午後一時、篠原は加藤の平河町のオフィスを訪ねる。用件は加藤が前々から手がけている旭川市街地整備の仕事を手伝ってくれませんかという話だった。その意図はプロジェクトの成否を握る、JR北海道の連続立体交差事業[*3]の高架橋のデザインを担当してくれないかという点にあった。「なぜ、僕が」、篠原は分からなかった。そのころすでに高知の土讃《どさん》線高架の仕事に係わり始めてはいた。しかし、加藤がそれを知っていたとは思えない。おそらくアーバンデザインを専門とし、出が建築である加藤には土木の範疇に入る高架のデザインが手に余ると考えたからだろう。そう想像するしかなかった。しかし、のちに加藤のドクター論文の審査に加わって知ることになるのだが、この平成八年という時点ですでに、加藤は鉄道の連続立体交差事業（以下、連立）の第一人者であった。有名どころだけでも、東北本線の花巻、予讃《よさん》線の丸亀、根室本線の帯広の駅舎と駅前広場（以下、駅広）を完成させていた。旭川に関わるようになってから、篠原はこれらの加藤の駅と駅広を見て廻ることになる。「そうか、なるほど、これで分かった」。加藤の連立のプロジェクトは、そのすべてが鉄道側をうまくコントロールできなかったことを示していた。駅広とその周辺の建築、公園などはレベルの高い整備となっているのに対し、丸亀では何の変哲もない新建材の駅舎が、帯広では

*1　株式会社日本都市総合研究所（一九七三〜）
丹下健三・都市・建築設計研究所の荒田厚、加藤源、鳥栖那智夫、松本敏行が独立して設立した都市および地域に係わる構想・計画・設計を専門とするコンサルタント。

*2　加藤源（一九四〇〜二〇一三）
都市計画家、工学博士。

*3　連続立体交差事業
市街地において道路と交差する鉄道の一定区間を連続的に高架（または地下）化することによって、道路交通の円滑化と市街地や駅周辺部の一体的なまちづくりを推進することを目的とする建設省（現・国土交通省）の国庫補助事業。

周辺の山をかたどったかのような妙な駅舎外装と極めてごつい架道橋がでんと存在している。のちに加藤に事情を確かめると、丸亀ではすでに高架と駅舎は設計済みで手が出せず駅広のみの設計になったのだという。つまり加藤は篠原を高架の担当としてではなく、対鉄道交渉係として呼んだのであった。

そもそも加藤がなぜ篠原に電話をかけてきたのか。大学こそ同じ東大とはいうものの、加藤は昭和三九（一九六四）年卒の建築、篠原は昭和四三（一九六八）年卒の土木であり、

［上］予讃線の丸亀駅と駅前広場。駅広は加藤がアメリカから呼んできたランドスケープ・アーキテクトのピーター・ウォーカーがデザイン。篠原の好みではないが、それなりのデザインである。秀逸は加藤が仲のよい建築家、谷口吉生に声をかけて、猪熊弦一郎美術館を広場を意識したデザインとしたことである。様々の催しで広場と一体で使われるという。
［下］振り返って駅舎を見るとこれは無残である。何の変哲もない新建材の高架の駅舎である。

土木と建築は東大始まって以来きっぱりと分かれていて、学生間の交流はないのが普通だった。当然、加藤と篠原の間にも大学在籍中の関係はなかった。つながりができたのは、平成五（一九九三）年に発足した都市環境デザイン会議（JUDI, Japan Urban Design Institute）である。この会議は五〇代以下の中堅が呼びかけ人となって、都市、まちづくりに関わる建築、土木、都市、造園、工業意匠（ID, Industrial Design）などの専門家を結集し、都市デザインの職能団体を立ち上げようとしたものである。この会議では会長を置かず、各分野からの代表を横並びとする複数代表制（代表幹事制）をとることを決めていた。「いた」というのは篠原はその議論の場に立ち会っていなかったからである。篠原は、中村良夫[*4]（東大土木、昭和三八年卒、東工大教授）の教え子で土木の後輩でもある窪田陽一の要請に応えて、土木の代表としてJUDIに参加することとなった。その席に建築・都市からの代表として加藤がいたのである。他の代表幹事は都市デザインから土田旭[*5]、建築・都市から高橋志保彦[*6]、IDからの西澤健[*7]の諸氏である。篠原はこの中では最も若く、また、この時点の土木では仕方がなかったのだがデザインの実績もわずかだった。加藤とは初対面である。会議は平河町の加藤の事務所で行われるのが常で、いつも長引いた。それは加藤の性格からきていて、代表幹事会であるにもかかわらず細かいことまで詰めようとするからである。「そんな細かいことは事務方で詰めれば」と思うのだが、加藤はそういうアバウトなやり方を嫌うのである。「ずいぶん細かい人だ」、というのが当時の加藤に

＊4　中村良夫（一九三八〜）
景観研究者、東京工業大学名誉教授。主な仕事に「太田川環境護岸」「古河総合公園」など。主な著書に『風景学入門』『湿地転生の記』など。

＊5　土田旭（一九三七〜）
都市計画家・アーバンデザイナー。主な仕事に「筑波研究学園都市マスタープラン作成」「幕張ベイタウン計画」など。

＊6　高橋志保彦（一九三六〜）
建築家・アーバンデザイナー、神奈川大学名誉教授。主な仕事に「代々木公園野外音楽堂および広場」「横浜開港広場」など。

＊7　西澤健（一九三六〜二〇〇三）
インダストリアルデザイナー、GKデザイン機構代表取締役社長などを歴任。主な仕事に「新宿副都心サイン計画」「東京都晴海通り銀座地区」など。

対する印象である。このＪＵＤＩ代表幹事会でのやりとりを通じて加藤と篠原は顔見知りになっていたのである。

旭川に戻る。土木の篠原を引き込み体制を整えた後の問題は、当然のことながら駅舎のデザインを担当する建築に誰をあてるかである。加藤は実績のある建築家に実績を出してもらい、篠原と議論して決めようという。篠原にも異論はなかった。三人の建築家を加藤が選び、出してもらった実績をもとに議論が八月一三日一〇時から始まった。場所はやは

［上］根室本線の帯広駅と駅前広場。照明柱デザインには不満はあるが、よくできた、バランスのよい広場。しかしプラットフォームの側面は、周囲の山々を模したつもりなのか、妙にギザギザした形となっている。
［下］最悪なのは駅直近の架道橋である。桁は極度に厚く、強い圧迫感を感じる。最も人の目につく所であるにもかかわらず。鉄道が都市とは関係なく、独自に自分のやり方でデザインしたことが明瞭である。

り平河町の加藤の事務所である。その三人のうちの一人が内藤なのであった。この時点以前に加藤と内藤にどのような面識があったのか、篠原は知らない。同じ建築であるとはいっても、加藤は前述のように昭和三九年東大卒、内藤は昭和四九年早稲田卒で、普通にいえば接点はない。候補にした三人のうち最年長は関西で活動している某氏で、テイストは都会派、実績は申し分なかった。すでに大家といってよかった。これに対し、篠原の見るところ内藤の作風は一見すると古臭く、お世辞にも洒落ているとは言い難かった。出されていた作品の代表は平成五（一九九三）年に建築学会賞、吉田五十八賞[*8]を受賞していた「海の博物館」であった。この時点では篠原は海の博物館も内藤も知らなかった。昭和四三年土木卒の篠原が知っていた建築家といえば、昭和三九年一〇月に開催された東京オリンピックの会場となった代々木体育館の設計者として知られる丹下健三[*9]、大学院時代に講義を取り、のちにドクター論文の審査員を引き受けてもらった丹下の後輩の太谷幸夫[*10]、民間から請われて東大の建築に教授として戻った芦原義信[*11]などであった（ちなみに芦原は、自身が建築の外部空間や街並みに関心を抱き続けていたこともあって、土木の景観研究の強力な支援者となる）。篠原は昭和の末にデザインを始めるまでは、もっぱら景観の研究を行っていたため建築界の実状には疎かったのだ。知っていたのは景観研究のために読んだ都市デザインの本に登場する、磯崎新[*12]や伊藤ていじ[*13]などの名であった。従って、のちに尊敬することになる前川國男[*14]や伊東忠太[*15]の名も知らなかった（存命中に前川には会ってみ

＊8　吉田五十八賞
吉田五十八の逝去後、吉田五十八記念芸術振興財団により、建築部門、建築関連美術部門における優れた作品および制作者に授与されていた賞。「海の博物館」が受賞した一九九三年をもって全一八回で幕を閉じた。

＊9　丹下健三（一九一三〜二〇〇五）
建築家、東京大学教授。戦後日本の建築界の中心人物として活躍した人物。主な作品に「広島平和記念資料館」「国立屋内総合競技場」「東京都庁舎」など。

＊10　大谷幸夫（一九二四〜二〇一三）
建築家、都市計画家、東京大学教授。主な作品に「国立京都国際会館」「沖縄コンベンションセンター」など。主な著書に『空地の思想』など。

＊11　芦原義信（一九一八〜二〇〇三）
建築家、東京大学教授。主な作品に「オリンピック駒沢体育館」「ソニービル」など。主な著書に『外部空間の構成——建築から都市へ』『街並の美学』など。

海の博物館。言わずと知れた内藤の出世作品。PC の収蔵庫と木集成材の展示棟からなる。

これも言わずと知れた丹下健三設計の代々木体育館。1964年開催の東京オリンピックの水泳、バスケットボールの競技などに使われた。丹下の名を世界に知らしめた記念碑的な建築。

たかった。これはあとの祭りである）。しかし常に広角に視野を広げてものを見ていた篠原の先輩である中村良夫は、内藤を知っていた。「篠原君ね、内藤廣の海の博物館はなかなかいいらしいよ」と。その言葉は頭の片隅に残っていた。

加藤と篠原の協議の結果、駅舎の建築は内藤に頼もうとなった。篠原が強く主張したのである。建築には素人の篠原の評価を加藤はどう思ったのか、それは分からない。海の博物館は力強く、鉄道にふさわしいと思ったのである。加藤は某氏に未練があったようだが、最終的には「うん」と言ったのである。もう一人の建築家は全く覚えていない。その後加藤が内藤にどう連絡したのか、篠原は知らない。篠原の手帳のメモには一〇月二三日一〇時、加藤の事務所で旭川駅の打ち合わせとある。この時点で旭川プロジェクトのトリオとなる、都市の加藤、土木の篠原、建築の内藤というデザインチームが発足したのである（なお、ランドスケープを代表して四本柱の一つとなる人物は当初から加藤がアメリカのビル・ジョンソンを引っぱってきていた。その下に日本のディー・エム（ＤＭ）という造園のコンサルタントがついていた）。

内藤と篠原のそれまで

さて、これから内藤と篠原の二人の関係を入り口にして話を展開していくことになるわけであるが、直接に両人を知らない読者の便を考えて、ここでは出会いまでの二人の経歴

＊12　磯崎新（一九三一〜）建築家。主な作品に「大分県立大分図書館」、「群馬県立美術館」、「つくばセンタービル」など。

＊13　伊藤ていじ（一九二二〜二〇一〇）建築史家、建築評論家、工学院大学学長・理事長。主な著書に『日本デザイン論』『日本の民家』など。

＊14　前川國男（一九〇五〜一九八六）建築家。ル・コルビュジエのもとで学び、日本近代建築の雄として活躍した人物。建築家の職能確立にも尽力した。主な作品に「神奈川県立図書館・音楽堂」「東京文化会館」「京都文化会館」など。

＊15　伊東忠太（一八六七〜一九五四）建築家、建築史家、東京帝国大学教授。日本および東洋建築史の方向性を示し、研究に基づいた独自の作風を示した。主な作品に「築地本願寺」など。

をざっと紹介しておこう。まず内藤から。

内藤は昭和二五（一九五〇）年八月、横浜市生まれ。神奈川県の出身である。幼いころは戸塚で過ごしたという。その後鎌倉に移り中学校は御成中学、高校は湘南高校である。中高は男女共学。俗にいう湘南族のエリートコースの育ちといえよう。一浪して早稲田の建築へ。なぜ東大ではなかったかは後述する。昭和四九（一九七四）年三月卒業、大学院へ。研究室は吉阪隆正[*16]研究室であった。ちなみに卒業設計では最優秀の村野賞を得ている。大学院修了後はスペインのフェルナンド・イゲーラス[*17]事務所へ。この事務所はマドリードであった。帰国の途には大陸の陸路を選び、中近東、インドまでさすらう。この辺りの事情は、奥さんの著書『かくして建築家の相棒』に詳しい。帰国後、恩師の紹介で菊竹[*18]事務所。二年半勤めて昭和五六（一九八一）年、独立して内藤廣建築設計事務所を開く。内藤三一才。「どうせやるんなら、いいとこにしなさいよ」という奥さんの助言で、事務所は九段下に。以来、事務所はここを動いていない。デビュー作はギャラリーＴＯＭ。自邸の設計もほぼ同時期だという。

篠原の見るところ、挫折は大学入試失敗の時と海の博物館でブレイクする（一九九三年受賞、内藤四三才）までの迷いと苦闘の時期の二回だろうか。「三〇代は苦しかった」と本人も言う。ギャラリーＴＯＭは本人もあまり言わないし雑誌にも出てこない。失敗作ゆえに言いたくないのだろうかと思う。篠原が時折聞いたのは、海の博物館の仕事で鳥羽に

＊16　吉阪隆正（一九一七～一九八〇）建築家。ル・コルビュジエのもとで勤務後、早稲田大学で吉阪研究室（Ｕ研究室）を設立。その活動は建築以外にも多岐にわたり、独自の思想として「有形学」を提唱した。主な作品に「浦邸」「アテネ・フランセ」「大学セミナー・ハウス」など

＊17　フェルナンド・イゲーラス（一九三〇～二〇〇八）一九六〇年代から七〇年代に活躍したスペインの建築家。主な作品に「ニューヨーク国際見本市スペイン・パビリオン」「モンテカルロ多目的センター」など。

＊18　菊竹清訓（一九二八～二〇一一）建築家。一九六〇年代に起こったメタボリズム運動の中心メンバーとして活躍。主な作品に「スカイハウス」「出雲大社庁の舎」「東光園」など。

通っていたころの話である。設計開始は昭和六〇（一九八五）年、内藤三五才である。設計を始めたこの年から受賞の平成五（一九九三）年という時期はバブル絶頂の時期に重なる。ちょっと名の売れた建築家はポストモダンなどと浮かれて格好いい、しかし消耗品のごとき建物をデザインしていた時代であった。「なんで俺だけが、こんな田舎の、それも超ローコストの建物のために、遠路はるばる毎週鳥羽に通わなくてはならないのか」。のちに鳥羽のまちづくりの仕事で近鉄を一緒にした折に内藤から聞かされた当時の回想である。

平成八（一九九六）年、旭川で篠原に出会った時には海の博物館による各賞の受賞ですでに名は売れていた。内藤廣、四六才であった。奥さんのとの結婚がいつであったかは、それは知らない。北海道をうろついている時に出会ったのだという。奥さんは大阪は河内の出身、いつごろの北海道だったのだろう、学生時代か。

篠原は昭和二〇（一九四五）年一一月の生まれ。敗戦直後である。内藤の五才年上。団塊の世代は昭和二二年から二四年の生まれだから、内藤と篠原は団塊の世代を挟んで前後の生まれとなる。生まれたのは疎開先の母の実家、栃木県矢板である。すぐに横浜の綱島へ、幼稚園の時に東横線新丸子の小杉陣屋町（川崎市）へ転居。下町でもなく山の手でもない新開地で、柿畑を宅地にしたスプロール地帯であった。当時の川崎市内には、いわゆる進学校はなく父親は東京の中学校への越境入学を画策していた。しかし私立や国立の付属には学区はなかった。篠原は麻布に行きたかった。麻布なら広尾で、通うことができる。

中学受験の日程は東京教育大学付属駒場（現・筑波大学付属駒場）、麻布の順だった。駒場に受かったので麻布は受けなかった。国立の付属は公立だから授業料は安い。親父が喜んだのは無理もない。昭和三三（一九五八）年四月入学。長嶋茂雄が後楽園でデビューした年である。学校は中高一貫で男子校、高校の同級生一二〇人のうち半数以上が東大という異様な高校である。昭和三九（一九六四）年東大入学。この年は、一〇月一日に東海道新幹線開業、一〇月一〇日は東京オリンピックの開幕式であった。

ギャラリーTOM。自邸と同時期の内藤のデビュー作。力強さはのちの作品にも共通しているが、それにしても荒々しい。雨漏りに象徴されているように、本人は未熟だったと反省しているが、吹き抜けを生かした空間構成は見事だと思う。ただしアプローチの階段に端的に現れているように、人に優しいとはとても言えない。

理科I類から土木工学科へ、昭和四三年三月卒業、大学院へ。当時の土木には女性は皆無だったから、ここでも女性はいなかった。こういう育ちだから篠原の人を見る目には偏りがある。まずできない人間の気持ちが分からない、そして女という人間が何を考えているのかが分からないのである。交通研[*19]に属し、しかし交通ではなく、卒論で当時助手だった中村良夫に誘われて景観研究を始める。交通研の中でも、ましてや土木の中でも孤立した学生だった。当時は景観は土木ではないと思われていたからである。これは四〇年もたった今の学生には想像できないかもしれない。当時は景観といっても「警官?」と聞き直されたこともあったのである。修士一年の秋に東大闘争、翌昭和四四(一九六九)年一月、安田講堂陥落。このあおりで四月の入試は中止、内藤は受験できなかったのである。一年留年して、昭和四六(一九七一)年四月アーバンインダストリー[*20]という東急電鉄を中心とする新興の、何やら得体のしれないシンクタンクへ、恩師八十島義之助教授の世話で入社。

大学卒業までは挫折の経験は全くなかったが、東大闘争で初めて挫折感を味わう。大学がほとほと嫌になり、役人も性に合わないと思っていたからアーバンインダストリーでプランナーとしてやっていこうと考えていた。この会社は昭和四九(一九七四)年六月倒産。篠原二八才既婚、子供一人。電鉄が引き取ろうという話があったが、サラリーマンは三年やったからもういいやと考え、仲人をやってもらった鈴木忠義先生に頼んで東工大に机をもらって浪人。修論でやった景観研究の面白さが忘れられなかったのだ。半年職安に通い

＊19　東京大学工学部土木工学科交通研究室
当時土木工学科で唯一の計画系研究室。鉄道と交通計画のグループに分かれており、交通グループの中に観光から派生して景観研究を志す中村良夫(当時助手)、村田隆裕、樋口忠彦らがいた。

＊20　アーバンインダストリー
東急電鉄、東急不動産、日立製作所、日本合成ゴムなどの企業が出資して一九七〇年頃に設立された会社。プランニング部門とインテリア制作部門に分かれていた。篠原がいたプランニング部門では再開発、ウォーターフロント・リゾート開発などの業務を行っていた。一九七四年インテリア制作部門の投資失敗により倒産。

失業保険をもらう。希望の職種に都市計画、地域計画と記入するが、当然のことながら職安にそんな求人はない。翌昭和五〇（一九七五）年一〇月、鈴木の世話で東大農学部林学科（森林風致計画研究室）の助手に。鈴木がかつて農学部の演習林にいた時以来の人的つながりである（ちなみに鈴木も土木卒の篠原の先輩である）。四年半いてドクター論文を書き、これまた鈴木の仲介で筑波の建設省土木研究所へ（現・国土交通省国土技術政策総合研究所）。五年の約束でいくが、結局六年厄介になる。行き先に困っていたところに林学へ戻ってこないかという塩田敏志先生からの電話。一九八五年のクリスマスの時期だった。昭和六一（一九八六）年四月、二度目の林学科森林風致研究室。[*21] この時が生涯で一番嬉しかった。ともかく、助手でいた森林風致は楽しいところだったのだ。塩田はそれから一年で辞めて東京農大へ。篠原は助教授にして研究室のボスとなった。三七才。

しかし、いいことはいつまでもは続かない。教授にするという話に鈴木が異を唱えたのだ。お前は土木なんだから、ただでさえ少ない林学のポストを食うのはけしからんという理由である。むちゃくちゃな論理だとは思ったが、恩師には逆らえない。林学の教授たちは全員、教授昇進に賛成であったのだが。日大にという話が出かかった時に、まあ、土木でいったん引き取ろうとなって、平成元（一九八九）年一一月に出身の土木へ。このころが人生で一番不愉快な時期だった。初めて胃が痛くなる経験をした。平成三（一九九一）年五月、教授。平成五（一九九三）年四月、景観研究室発足。

＊21　東京大学農学部林学科森林風致計画学研究室
造園学教室を祖に一九七三設立。当時は鈴木忠義教授（東工大併任）、塩田敏志助教授、熊谷洋一助手という体制であった。森林や自然公園だけではなく、景観、観光、都市など幅広く研究していた。

内藤は湘南高校時代卓球部キャプテン、篠原は教駒時代サッカー部。いずれも体育会系であり、下町や山の手とはいえないが、都会育ちの都会っ子である。これで何が言いたいか分かりますよね。

二章　研究室の将来を悩むなかでの出会い

大学院の講義、景観論

内藤と出会ったのは、先述したように平成八（一九九六）年のことだった。そう思い込んでいた。それほどに旭川のプロジェクトで、加藤とともに内藤を選んだのだという印象が強かった。念のために内藤にこの点を確認する。返ってきた答えは意外なものだった。「ずっと前に会ってたはずですよ」。「え、」と思い手帳を繰ってみる。平成六年四月一九日の欄にメモが残されている。一三：〇〇―一四：〇〇、「景観論」、ガイダンス「土木の形」とあり、欄外には西澤さんOK、大野秀敏[*1]＋内藤廣（早大）、杉山と記されている。旭川に遡ること二年以上前である。西澤さんとは前述のJUDI仲間のGKの西澤さんである。杉山とはプロダクトから橋のデザインに入った千葉大の杉山和雄[*2]先生のことであり、大野さんは東大建築の先生である。このメモは篠原が「景観論」で、一回目の「土木の形」を自分でしゃべり、以降の講義を依頼しようと考えた講師のリストなのである。

篠原はそれ以前の昭和六三（一九八八）年の春から、母校東大土木工学科の教育に関わり始めていた。篠原は当時、同じ東大とはいうものの農学部林学科の助教授だった。前項に書いたように昭和六一年の四月に建設省土木研究所から、かって助手で在籍していた林学科の森林風致研究室に呼び戻されていたのである。出身の土木から声がかかったのは、六三年の春学期から三年生を対象に「景観設計Ⅰ」と「景観設計Ⅱ」の科目を新規に開講するにあたり、篠原にその内容と講師の人選について教授aから依頼があったためであっ

＊1　大野秀敏（一九四九〜）
建築家、東京大学教授。主な作品に「YKK滑川寮」「東京大学数物連携宇宙研究機構棟」など。

＊2　杉山和雄（一九四二〜）
千葉大学教授、芝浦工業大学教授などを歴任。専門は橋梁デザイン、インダストリアルデザイン、デザインマネジメントなど。主な仕事に「本四連絡橋景観設計」「東京湾横断道路」など。

た。この依頼は驚きだった。篠原、昭和四三年土木卒。それから二〇年目の話である。その二〇年間の間、学部、大学院時代を含めて出身の土木工学科が景観に興味を示したことはなかった。いかにも急な話である。当然この手の話の相談相手は、いつものように五年先輩の中村良夫である。相談の結果、「景観設計I」は講義、「景観設計II」は設計演習とした。前者の講義は中村と篠原で分担、後者の講師は篠原と当時埼玉大にいたGでスタートすることになる。設計演習担当の二人はともに素人である。学生時代に本格的なデザインのトレーニングを受けたことはなく、実務で設計の経験を積んでいたわけでもなかったから。

前置きが長くなった。以上のような経過を経て、学部の上の大学院の講義としてスタートさせたのが「景観論」なのである。大学院とは自発的に学問に取り組む場である、というのが篠原の持論である。教わって勉強するのは学部でたくさんである。また実際、学部で講義しさらに大学院で教えるほどの中味は、この時点では景観研究に蓄積されているとはいい難かった。実社会の第一線で活躍しているデザイナーや建築家を呼んで話をしてもらい、学生が自分なりの勉強を始めるきっかけにしたい。そう考えたのだ。西澤には日本のプロダクトデザインのトップ、GKのデザインの実際を、杉山には橋のデザインの実践をという具合に。この平成六（一九九四）年の時点では篠原のデザインキャリアは高々五、六年といったところだったから大学院で何回もデザインの話をするにはキャリア不足である。このような外部の講師陣のラインアップが可能だったのは、前記のＪＵＤＩでの付き合いがあったことに加え、中野恒明[*3]を通じて建築の大野と知り合っていたことが大きい。

中野は土木の隣の都市工の出身であるが、在学中に篠原と面識があったわけではない。平成のはじめ、篠原が幹事長を務めた皇居周辺道路のデザイン委員会で出会ったのが初見である（委員長は中村良夫）。中野のデザイン事務所、アプル総合計画[*4]が設計の実務を担当したのであった。アプルには篠原の農学部時代の、しかし土木出身の教え子（卒論の指導）、Ｕがすでにお世話になっていて、平成五年には土木の教え子一期生であるＤも所員となっていた。当時土木のデザインを志す若者が就職できるところは皆無に近かった。アプルは、中野が都市、大野が建築という二本立ての事務所であったので、それを受け入れてくれていたのである。

さて、内藤である。手帳のメモによれば、六月二一日景観論八回目の講義に内藤は土木教室の教壇に立っていたはずである。「はず」と書いたのは、篠原にその時の情景が全く思い浮かばないからである。内藤と何を話したのかの記憶もない。記憶が全くないとは何を意味するのだろうかと考えた。普通に考えると印象が薄かったということになる。篠原はこれまで常識に従って、そう考えていた。しかし今は、違う考えを持っている。何も憶えていないということは何らの違和感もなく、「すうっと」入っていけたということを意味するのではなかろうか。以前からの知り合いであったかのように。先に加藤との

＊3　中野恒明（一九五一〜）
都市デザイナー。芝浦工業大学教授。主な仕事に「門司港レトロ地区」「皇居周辺道路景観設計」「岸公園」など。

＊4　アプル総合計画事務所（一九八四〜）
都市デザイナーの中野恒明と建築家の大野秀敏によって設立された建築、都市デザイン、ストリートファニチュアなどを総合的に行うデザイン事務所。二〇〇五年都市デザイン部門と建築部門を分離。

ＪＵＤＩでの出会いを述べた。同類の人間とはちょっと違う、この印象が加藤との出会いの記憶となって残っているのだ。もちろん、内藤とは育ちも違えば趣味も異なる。しかし、それを超えて同類の人間であることを直感したのだったろう。ちなみに内藤には三年後の平成九年の五月一三日にも講義を頼んでいる。これも内藤の東大土木工学科赴任前の話である。

景観研究室の発足と方向性の悩み

この時期は、研究室をどちらの方向にもっていくべきかで悩んでいる時期だった。先に書いたように平成五（一九九三）年、学科の研究室再編に伴って景観研究室が発足する。助教授は前年から橋梁研に赴任していたＡ。Ａは東工大社会工学科卒の中村良夫の弟子である。運輸省港湾技術研究所からスカウトしたのである。助手はＢ。Ｂは東工大土木出身で当時ＩＨＩ（造船、橋梁メーカー）にいたのを、これまたスカウトしてきた。篠原の教師陣構成の考え方はこの時代から退職するまで一貫して変わることがない。学生はマスターまでは行かせるが、ドクターには行かせず就職させる。就職した中からよいと思う人物を助手として大学に戻す。学部からマスター、さらにドクターから助手へという学内オンリー、純粋培養の教師はまずいと考えるのだ。社会とつながっている工学部なんだから、研究だけしてればよい理学部や文学部とは違うのである。恩師の鈴木のやり方は違っていて、ドクターから助手にまでしておいて、そこから放りだすのである。それも助手は二年という短期間で。一回他人の飯を食わすという点では同じではあるが、ドクター修了時で二七、二八才。この時点までやって研究者に向かないとなったら教師も困るだろうが、何よりも本人が困るだろう。篠原はそう考える。三〇にもなって初めて実務を始めるのは。ただし篠原がこういうふうに考えるのは、本人がもともと教師になろうとは考えていなかった人間であり、プランナーを志向していた人間だからかもしれない。

ともあれ景観研究室はこの陣容でスタートした。講義と設計演習を始めて、篠原は間もなくこれはまずいと気づく。講義はよいとしても問題は設計演習だった。訓練も受けず、実務も経験していない人間の設計指導には迫力がない。設計演習の教師には社会の第一線でバリバリのデザイナーを当てねばならない。これは当時の建築では常識に属することであったろう。ただし一言いっておくと、一時代前の建築ではそれはまだ常識ではなかった。常識になったのは東大の建築学科が、都市工の丹下に対抗すべく設計演習専任の教授として芦原義信を母校に呼び戻したことに始まる。昭和四八（一九七三）年のことだった。それまでは、ろくに設計の経験のない純粋培養の教師（失礼）が設計演習を交代で担当していたのである。この設計演習専任教授としての芦原を呼び戻した件は、篠原の頭の隅に残っていてのちの内藤招聘につながることになる。

篠原は講義は自身一人で行うこととし、設計演習については平成二（一九九〇）年から、先述した中野に依頼することに決めていた。これは平成五年の景観研発足以前のことである。

さて土木研究所から農学部に戻った昭和六一（一九八六）年という年は、後になって振り返ると篠原の社会的活動にとっても、のちの研究室の運営にとってもターニングポイントになった年だった。この年度の初めに研究所時代の上司、道路部緑化研究室の室長だった井上忠佳から橋のデザインをやらないかと持ちかけられたのである。その橋は千葉県松戸市の21世紀の森公園内の丘陵間に架ける橋だった。篠原は景観が専門だからデザインもできるだろうと考えたのだろう。これはもちろん、素人の誤解である。大雑把に言えば景観（研究）は分析であり、デザインは統合である。方向は正反対と言うしかない。「デザイン？」、篠原は迷った。当時すでに四〇才。プランニングの経験こそ最初に勤めたアーバンインダストリーであったものの、デザインに関しては先に述べたようにトレーニングを受けたこともなければ、実務を経験したこともなかったからだ。それに加えて四〇という年齢である、遅すぎる年齢であった。下手なものをつくれば、東大土木の恥さらしとなろう。しかしここが篠原の脳天気な、今振り返ってみればよいところである。景観の経験を生かせばいくばくかの貢献がデザインに対してもできるのではないかと考えたのだ。委員会のメンバーは先述の井上に、橋の専門家の田島二郎[*5]と篠原。田島は本四公団の設計部長も務めた構造のプロで、昭和二四（一九四九）年土木卒の篠原の大先輩である。当時は

＊5　田島二郎（一九二五〜一九九八）国鉄、本州四国連絡橋公団を経て埼玉大学教授、退官後田島橋梁構造研究所設立。専門は鋼構造の設計・施工。瀬戸大橋などの基本計画、設計に関わった。

埼玉大教授。この橋はのちに「広場の橋」と命名され、土木学会の「田中賞」[*6]を受賞することになる。「田中賞」は関東大震災[*7]の帝都復興事業で活躍し、その後東大教授になった田中豊を記念して設けられた橋梁の賞で、橋梁界では最も権威のある賞である。実務で線を引き、計算を担当したのはパシフィックコンサルタントのエンジニアである。「面白かった」。これが感想であった。いろいろと考えたことが実際に実物となってできていくのだ。「これは本当にできるかどうか分からない、プランニングより断然面白い」。

この広場の橋に続いて、江東区の新中川筋の橋の架け替えの仕事が舞い込む。明和、大杉、辰巳新橋の三橋であった。篠原は恵まれていた。そして平成三（一九九一）年からは島根県津和野町の津和野川の仕事が、翌四年からは岡山県の苫田ダムの仕事も始まるのである。前者は八年、後者は一〇年がかりの仕事となった。つまり平成の時代となってからは土木のデザインが篠原の第二の専門となっていたのである。

この時期の研究室発足から三年から五年後のころが篠原が最も悩んだ時期だった。それは研究室をどっちの方向にもっていこうかという悩みである。従来からの研究第一でいくべきか、あるいは思い切って実践のデザイン重視でいくべきか。デザインを看板にする研究室など日本の土木工学科の歴史にはなく、当時の大学土木にも皆無だった。また、それに対応してどのような人物を起用すべきかという悩みである。なまじデザインに手を染めていなければ、こんな悩みは生じなかったはずである。第一の専門である景観の研究のみ

＊6　土木学会賞田中賞
土木学会が設ける土木学会賞の一部門として、橋梁・鋼構造工学の優れた業績に対して授与される賞。関東大震災後の帝都復興事業に際して帝都復興院初代橋梁課長として永代橋や清洲橋などの名橋建設に尽力した田中豊博士に因む。研究業績部門、論文部門、作品部門の三部門からなる。

＊7　関東大震災
一九二三年九月一日、神奈川県相模原湾北西沖八〇キロメートルを震源とする、マグニチュード七・九の地震。東は千葉県・茨城県から西は静岡県東部までの内陸と沿岸に甚大な被害をもたらした。被災者一九〇万人、死者行方不明者約一〇万五千人。

松戸の広場の橋。篠原のデザインデビュー作である。

津和野川。篠原の河川設計の第1号。岡田一天との仕事。津和野町には都合8年通った。

苫田ダム。これはダムの仕事の第1号。これは10年がかりの仕事となった。

をやっていればよいのだから（いやそれ以外の途はないと言うべきか）。

平成八年から一〇年にかけての篠原の手帳には相談相手になってくれた人物との話のメモが頻繁に出てくる。もちろん内藤は、この時期篠原が深刻に悩んでいたことを知るよしもなかったろう。まず篠原が旭川のプロジェクトで内藤と出会った平成八年の九月のメモから。篠原は時折女房にコメントをもらうことを実行していた。専門外の普通人の感覚を参考にするためである。専門家のみに聞いているとその判断にどうしても偏りが出る。

この専門、一般の関係については今でも印象に残っている出来事があった。ある夜のこと、久米宏がキャスターをやっていたテレビ番組を女房と見ていると、あきらかにいいかげんなデータに基づいて久米が間違った内容のことを、とうとうと喋っていたのだ。「これは間違っている」と篠原が言うと女房は納得するどころかこう反論したのだ。「普通の人は新聞かテレビしか見ないのだから、それで判断するしかないのよ」と。なるほどと思った。専門家が仲間内で反論していても、それは自己満足にしかすぎない。普通の人に正しく情報を伝えようと考えるなら、マスコミに出る必要があるのだ。専門の学会誌や雑誌には、もちろんそれなりの意味はあるのだが、それで事足れりとしてはいけないのである。こういう女房の、素人の意見は専門の人間にとっては貴重だと思う。女房が篠原の専門に近い土木や都市の出であれば、会話は全く別の方向にいって次のように終っていたことだろう。「本当に酷いよね、マスコミは」という会話で。ここに同類の人間が結婚する、あるいは友達付き合いすることのよい点とまずい点がある。ちなみに女房は哲学出の、しかしごく普通の専業主婦である。そして内藤の奥さんも建築ではない文系の主婦である。この点、つまり奥さんが建築でなかったことが内藤の東大土木行きにあたって大きな影響力を持ったと篠原は考えている。このことについては後述しよう。

その女房との会話のメモ。「大学の先生とは、学生に研究で尊敬されねば」。これは俺への当てこすりか、と一瞬考えたがそれほどの嫌味はなかったようだ。次は同年一〇月の先輩のa教授との相談のメモから。人事基準をめぐっての会話である。「後継者は絶対レベルで考えよ」「適任者不在なら公募せよ」(当時は公募は一般的ではなかった)、「自分以上の人間を」とある。三点目の言葉は篠原の恩師である鈴木忠義の「茶坊主はダメ」、「ピカソを超える者はピカソではない」に同じ。a教授は東大の建築はそれでダメになったと言う。学科は違うが、同じ専門分野の話なのだろうと思った。つまり、スモール篠原を後にあてるなということである。a教授は言行一致の人物で、自分の後継を三人の弟子に競わせ、自分ではできなかった構造解析に新境地を拓いた人物を後継者に指名している。至当の意見と言うべきだろう。この時期の助教授のCは学生以来あまりにも篠原に近く、この点からいうと失格なのである。ただし、この言を実際の人事で実行するのは情が絡むからなかなかに決断力のいることである。「俺にそれができるだろうか」と悩むことになる。続いてb教授。同じ東大の教授といってもさまざまな見解があることを知ってもらいたいので、もう少しお付き合い願いたい。「今のところ、景観研の存在は学科には何のデメリットもない。Cは人間としては安心して見ていられる。しかしやはり、もう少し個人色を出す必要あり」。結論は「難しい、分からない」であった。次は先輩のc教授。交通という分野は篠原に近く恩師を同じくする。「あまり焦ることはない」「あんまり年があくと研究室運営はしんどいよ」。三人三様の答えであった。決断できるような一致した意見は得られなかったが、参考にはなった。持つべきものは本音で語り合える先輩、後輩である。ここで付け加えておくとa教授の「篠原君、人事の失敗は大学では一〇年は響くよ」という言葉である。これは篠原の耳に今でも残っている。なぜなら、会社なら、あるいは役所でもそのポストに不向きだと分かれば、別の部署に移せるからである。営業がダメなら総務へ、内勤がうまくいかなければ現場へという具合に。大学はそういうわけにはいかない。フィールドは学生に対する教育と自身を含めての研究しかないのだ。総務や営業、現場に移すわけにはいかない。また一度雇ったら三年や五年で放り出すわけにはいかないのだ。そしてその影響は学生にも及ぶ。この事情は先に述べたドクターまで出て研究には向かないということで困る本人の話と同じなのである。ただし篠原はいろいろと職場を替えたにもかかわらず、結局教鞭をとったのは東大のみであった。私大での非常勤は経験しているが、それは講義に限られた教育であり論文指導を通じての研究、教育にはつながらない。であるから、これは漠然とした、いわば感想の域を出ないのだが、同じ大学でも国立大と私大では向き、不向きがあるのではないかと思う。国立においても旧帝大と地方大学との間でも。自己紹介にも述べたように、篠原はできないということが分からない人間だから、私大に行っていたら苦労していたかもしれない。断っておくが、以上の話は個人の能力の話ではない。あくまでも、どういう大学にどのような人物が向いているかという話にすぎない。

最後にいつもの相談相手、先輩にして景観仲間の中村の言葉もメモから、一一月初旬。「彼は頭がよくて都会っ子だから、一生懸命は野暮だと思ってるんだろう」と。流石に、昔から本人を知っているだけに性格をよく言い当てていた。ここで言う頭がよいとは何を意味するのか。難しい問いである。勝海舟の次の話は知っている向きも多いだろう。江戸っ子は頭はよいが辛抱がないから語学の勉強には向かないという話である。いずれにしろ、新しい研究室を立ち上げた人間は昔から同じように悩んでいたのだろうと思う。のちに内藤を招聘するに当たってCは篠原が世話になっていたかもしれない日大に行き、それから一六年後の今、土木と建築、福祉を融合した「まちづくり工学科」[*8]を立ち上げる中心となって活躍中である。篠原が東大土木で実践した建築と土木の連携を、より大掛かりに学科のレベルで実現しようと頑張っていることになる。本人は一〇年来の念願だったという。そうであれば考え始めたのは日大に行ってそう間もなかったころとなる。結局Cは篠原と同

*8　日本大学理工学部まちづくり工学科（二〇一三〜）
まちづくりの専門家の育成を目的として、二〇一三年に設立された学科。都市、景観、観光、福祉、防災、各法制度などを複合的かつ実践的に学ぶカリキュラムとなっている。

質のプランナータイプの人間で、同じ方向を向いていたのだった。

恩師の影響について

恩師の存在と、その弟子に対するあり方が後継者についての考え方を左右する。これは篠原の自論である。恩師を持たない者には弟子に対する接し方がわからないのだ。篠原の恩師は、指導教官だった交通の八十島義之助[*9]と観光と景観の鈴木忠義[*10]である。八十島は景観は門外漢ということもあって、ほとんど指導らしいことはしなかった。「論文は的を絞ってとか」、あるいはドクター論文の審査の折のことであるが、論文の備えるべき条件を細々と述べるのみだった。いずれも一般論にすぎない。ただ篠原にはよく記憶に残っている言葉である。講義に至っては何も印象にない。ただ八十島はいつもニコニコと温厚で、怒ったところを見たことがなかった。若者を慈父の如く見守っているような先生であった。これは宇和島藩家老の子孫にして、奥様も児玉源太郎の孫という育ちの良さが大きいとは思うが。そして後になって知ったのだが、土木の新しい分野である景観には個人的にも興味があったようで、鈴木から中村に引き継がれつつあった景観の庇護者でもあったのだ。弟子を信頼して、その成長を温かく見守る。こういう恩師のあり方もあるのだ、と大分あとになって篠原は覚ることになる。

実質的な恩師である鈴木には、実は篠原は講義を受けたこともなく、論文の指導をされ

＊9　八十島義之助（一九一九〜一九九八）
東京大学名誉教授、鉄道工学・交通計画学。東大土木の第一講座である鉄道工学講座教授でありながら、鈴木忠義、中村良夫らによる観光学、景観工学などの新分野の研究を擁護し、その創成期に多大な寄与をした。主な著作に『国土計画概論』など。

＊10　鈴木忠義（一九二四〜）
東京工業大学名誉教授、農学博士。日本の景観工学の創始者にして、観光学、土木計画学研究者。渡辺貴介（観光）、中村良夫、樋口忠彦、篠原修（景観）、森地茂（計画）など、各分野で活躍する多くの弟子が育った。

たこともない。先述のように勤めていた会社が潰れて、当時東工大にいた鈴木に引き取ってもらったのであり、そこから鈴木との直接の関係が始まったのだ。篠原、すでに二八才であった。景観の創始者にして、結婚の仲人だったという縁である。鈴木はたとえが巧みで、名言、迷言、警句の達人である。詳しくは鈴木の東工大退官に当たって、一番弟子である中村が編纂した『鈴木先生の言葉』を参照してもらいたいが、篠原もよく聞かされた言葉のいくつかを紹介してみよう。

「職人は食人だ」。これは鈴木の実家が鉄工の町工場だったことからきていて、よく食う人間でなければパワーは出ないよという意味なのである。そして人を評してよく言っていた言葉に、「あいつはパワーがないね」がある。これはダメだという評価なのである。何事をなすにもパワーが基本だという認識なのであろう。こう書いて、a教授も同じ認識であったのだと思い当たる。教授は東京六大学で鳴らしたピッチャーで技巧派だった。歴代ダントツの一七勝を挙げた。東大では一勝するのもめったにないのである。なにせ、背は篠原とそう違いがなく体形も細身なのである。しかし「野球の基本はパワーなんだよ、篠原君」と言うのである。言いたかったのはパワーなくしてテクニックはありえないということなのだろう。

また鈴木は次のセリフも好みだった。「碁は嫌いだ」。なぜか。鈴木に言わせると碁は陣取り合戦だから、パイを取り合う役人の世界なのである。予算と権限を取り合う。権威主義の役人が嫌いなのである。これに対し「将棋は好きだ」となる。将棋においては一兵卒である「歩」も使いようによっては、「成り金」となって重要な働きをすることができるのだ。人は使いようだと言いたかったのだ。従って口癖は「早く盤面にあがれ（ドクターをとって始めて歩）、あがんなきゃ、いくら才能があっても使いようがないからな」であった。

こういう一見すると些細な言葉は、弟子はよく憶えているものなのである。言った本人は忘れているのだが。これは篠原とその弟子にも当てはまる。「そんなこと言ったけ」と問い直すと「よく憶えています」と教え子は言うのである。これが恩師と弟子の関係というものなのだろう。知らず知らずのうちに影響を与えている。人はこういう師との接触を通じて、今度は弟子との関係を築いていくのだろう。たとえ、その師が反面教師としての師であったとしても。知らず知らずのうちに恩師の言葉は篠原にも浸透していたのであろう、後継者は秀才ではなく情熱型の人間なのだ、という具合に。

内藤の師にも触れておこう。内藤の師は早稲田の吉阪隆正である。内藤によれば、吉阪の講義は当たり前のことしか言わず面白くなかったという。だが、「心にもないことは言うな」と言う言葉はよく憶えていると篠原に語る。そして吉阪の面目がよく現れているのは次のようなエピソードだろう。内藤がスペインのイゲーラス事務所での修業を終えて帰国し、吉阪の元へ挨拶に行った折のことである。さて、どこに就職しようかと相談したところ、吉阪はこう尋ねたという。「君が最も行きたくない事務所はどこかね」と。内藤が「菊竹」ですと答えると、「そうか、ではそこへ行きたまえ」と言うというなり電話を取って、菊竹に「内藤という弟子を頼む」とかけた話である。菊竹は吉阪の早稲田の後輩である。内藤には恩師を恨むふうは微塵もなく、この話をいかにも楽しそうに、また懐かしそうに話すのである。国内でもういっぺん修業してこいという師のメッセージだったのだろう。ひょうひょうとして、仙人のようだったともいう。内藤は仙人のようにはならなかったが、「修業してこい」という弟子への接し方は受け継いでいるのではないかと思う。

恩師を持たない人間は不幸だと思う。それは、師と弟子の接し方を知らないからである。そして、それは弟子をどう扱ってよいかが分からないという現実となって跳ね返ってくる。師を知らない弟子は、弟子を知ることができない。後継者を育てることができない人間の背後にはこういう事情が潜んでいるのだと、篠原は考えている。

さて研究室の行方に悩み、その行方に伴う人事に悩んだその結果については後述することとして、次章では事の発端になった旭川に飛ぼう。

三章　旭川・現地へ、平成八年一〇月

連立をめぐっての鉄道と都市、鉄道の中の土木と建築

この章ではまず内藤と篠原が本格的に付き合うことになった連立という事業について解説しておく。それはもう一つの大きな問題である建築と土木の関係につながる話なのである。

具体的な旭川のプロジェクトの話に入る前に、なぜ、我が国ではよい駅と駅前広場（駅広）ができないのかを簡単にでも述べておく必要があろう。問題の根は意外に深く、歴史をレビューしておく必要があるのだ。

維新がなって、明治政府が最も力を入れたのが国防であり、工業振興であった。それは周知のように当時の合言葉「富国強兵」「殖産興業」によく表れている。明治維新がなった一八六八年の時点で実質的に独立を保っていたのは、アジアでは日本とタイのみであったのだから。江戸時代の封建、分権体制を排し強力な中央集権体制を確立しなければ、富国強兵も殖産興業も不可能である。近代国民国家とはいえないのである。江戸時代には国といえばそれは藩のことで、武士も庶民も日本の国民であるという意識はなかった。中央集権を確立するために明治政府が採用したインフラが鉄道であった。折しも西欧先進国では鉄道建設の最盛期だった。この点で日本は恵まれていたというべきだろう。第二次世界大戦後になって独立したアジア諸国では、マストランジット（大量公共交通機関）である鉄道が決定的に不十分であり、交通問題が都市発展の障害になっているのである。戦後と

いう時代はすでにモータリゼーションの時代となっていたため、鉄道には投資されなかったのである。

　さて、我が国の鉄道第一号、新橋・横浜間の開業は、なんと明治五（一八七三）年という早さであった。東海道線全通は明治二二（一八八九）年、東北線全通が同二四年である。近代的な国土や都市の整備について明治政府の考え方は極めて明快だった。国家こそが第一であり、都市や国民の生活は後回しである。鉄道は国家のために建設されたのであり、都市のためのものではなかった。鉄道に次いで重視したインフラは港湾と河川だった。つまり、物流だったのである。港湾が物流であることは容易にわかろう。今の感覚でいえば河川といえば洪水対策の治水だろうと考えるかもしれぬが、鉄道が整備される以前の時代の物資輸送の主流は舟運の河川だったのである。第一の鉄道ももちろん、然り。鉄道敷設の目的も物資輸送だったのである。これらのインフラ整備の役割を担ったのは、フランス留学組の古市公威[*1]（初代帝国大学工科大学長、今でいえば東大工学部長）であり、アメリカに留学し現場で実践を積んで帰国した原口要[*2]（東京の初めての都市改造となる「東京市区改正設計」の中心人物）などの第一世代だった。明治一〇（一八七七）年に設立された東京大学理学部、工学部の土木の卒業生が第二世代となって、これを継ぐのである。

　この明治政府の当初の方針はその後にも引き継がれる。端的にそれを示すのが法律の制定年で、明治二九（一八九六）年河川法、明治三〇年森林法、都市計画法は大正八（一九

*1　古市公威（一八五四〜一九三四）
一八七五年、初の文部省留学生としてフランスに派遣された後、帝国大学工科大学初代学長、内務省土木局長、逓信省鉄道局長、貴族院議員、土木学会初代会長などを歴任。日本の近代土木行政、教育の礎を築いた人物。

*2　原口要（一八五一〜一九二七）
古市と同じく第一回文部省留学生としてアメリカに留学し、卒業後日本人で初めて米国で土木技師として活躍。帰国後は東京市区改正事業の計画原案作成の責任者を務めた後、日本の鉄道技術者の先駆として我が国の鉄道事業に大きく貢献した。

一九）年となる。都市はなんと河川に遅れること二三年である。道路は鉄道重視のあおりをうけて、都市と同様大正八年道路法となる。第二次世界大戦後アメリカから来日したワトキンス調査団[*3]が「先進工業国でかくも道路が貧弱な国はない」と言明したのは有名な話である。

以上に述べた政府の方針を受けて、土木の分野には自ずと序列ができ上がっていた。時期によって多少の変動はあるものの、戦前の帝国大学、東京、京都、東北、九州、北海道などの帝大土木のエリートは、第一に鉄道、次に河川、港湾であり、道路は下位に位置づけられていた。いつごろの話か、それは定かではないが東大では一番から五番は鉄道、六番から十番は内務省（河川）となっていたという。成績順の就職先の話である。戦前にあっては鉄道の長官や大臣、戦後の国鉄総裁には何人もの東大土木出がいる。内務省の後進である建設省のトップ、事務次官に土木出身者がなるのは高度成長期以降である。都市計画学会の実質的創始者とされる土木出身の石川栄耀[*4]（大正七（一九一八）年、東大土木卒）の後輩、山田正男[*5]（昭和一二年卒）は戦前に首都高速道路（首都高）の立案に係わり、戦後、東京都の都市計画課長として首都高を都市計画決定し、さらにはその後首都高の理事長となった都市計画分野のボスとしてよく知られている人物である。その山田が晩年にこう語っていたことを知る人も多いだろう。「当時都市計画は土木では亜流中の亜流で、人非人扱いだったよ」と。当時とは戦前から戦後の高度経済成長期以前の時代である。都

＊3　ワトキンス調査団
戦後日本の道路事情について調査したアメリカの調査団。一九五六年調査結果として「日本国政府建設省に対する名古屋・神戸高速道路調査報告書」を提出した。当時の日本の道路事情の劣悪さを指摘した報告書として知られている。

＊4　石川栄耀（一八九三〜一九五五）
都市計画家。東京帝国大学工科大学土木工学科卒業後、民間を経て内務省都市計画地方委員会技師となり名古屋都市計画の基礎を築いた。その後、初代東京都参与、早稲田大学教授などを歴任。盛り場計画を推進するとともに、日本都市計画学会設立の首唱者の一人としてその立ち上げに寄与した。

＊5　山田正男（一九一三〜一九九五）
都市計画家。東京帝国大学工学部土木工学科卒業後、内務省に勤めた後、東京都建設局長、東京都首都整備局長、首都高速道路公団理事長などを歴任。東京の自動車専用道路網形成の立役者といわれる人物。

市をやる土木（都市土木）は下位の道路のまたその下で、街路（都市内の道路）と区画整理がその仕事だった。天下国家には関わらない末端の仕事だとされていたのだ。いかに土木の世界では都市の地位が低かったかが分かろう。その最上位の鉄道と「人非人」の都市の末裔が、連立をめぐってぶつかる鉄道と都市なのである。もちろん、両者の力関係が昔のままであるわけではないが。

この序列意識は篠原の見るところ容易には抜けず、鉄道の技術者は都市のそれを一段見下しているふうがある。技術力では我々のほうが上であると（確かに都市では構造上の難しい技術はなく、鉄道にはそれがある。土木ではまず橋梁などの構造力学、そして河川や港湾に不可欠の水理学なのである。計画など誰でもできると思われているのである）。極論すると、土木では鉄道と都市は歴史的にみると上下関係にあるのだ。

さて、次に建築に移ろう。建築も土木とともに東京大学創設期以来の学科である。ただし、その初めの名称は「造家」であった。当時は、文字どおり家をつくる職能と考えられていたのであろう。これが「建築」と改称されるのは建築史の伊東忠太の功績による。英語のarchitectureに該当する言葉は造家ではないと伊東は考え、建築としたのである（ただし明治期の用語はまだ混然としていて、土木の仕事の任に当たる官職名にも建築という呼称が頻繁に使われている。この建築と土木という名称とその仕事の役割分担の関係については、いずれ後の章で再び本格的に触れることとしよう）。

明治政府が造家の「技術者」に期待したのは、土木のように国家の中心となって実質的な近代化を推進する仕事ではなかった。政府が求めたのは日本が西欧並みの近代国家になったことを、少なくともなりつつあることを内外に示す西欧流の装飾建築であった。ギリシャ以来の様式建築の設計ができる技術者を求めたのである。そのために、初代の造家学科の教授にはイギリスからジョサイア・コンドル[*6]が迎えられる（コンドルは大学で教育するかたわら、〝一丁倫敦〟と呼ばれることになる丸の内のオフィスビルのデザインを推進する）。その一期の弟子が明治の建築界に君臨することになる辰野金吾[*7]であり迎賓館の設計で知られる片山東熊[*8]であった。近代日本建築の第一世代である。辰野はよく知られているように、近代日本を代表することになるはずの日本銀行、東京駅の設計者となった。本当はもう一つ、国会議事堂もやりたかったのだとされる。そこに求められたのは、構造などの機能ではなく、表面の様式、つまり意匠である（そのために建築には工科大学では極めて例外的に建築史の講座が当初から設けられていた。西欧建築の様式を学ぶ必要から）。以上は篠原の見解だが、それがおそらく正しいであろうことを示すために、戦前から戦後の建築と土木の卒業生の数を表に示しておく。データは東大建築学科の同窓会名簿である「木葉会」と土木の同窓会名簿による。戦前にあっては建築学科の卒業生は土木に比べ圧倒的に少ないのがわかろう。

　建築が構造にも力を入れ始めるのは、「色や形は女子供のやること」と公言してはばか

＊6　ジョサイア・コンドル（一八五二〜一九二〇）建築家。イギリス、ロンドン出身。工部大学校（現・東京大学工学部）教授として辰野金吾、片山東熊ら日本人建築家を育て、明治以後の日本建築界の基礎を築いた。主な作品に「鹿鳴館」「三菱一号館」など。

＊7　辰野金吾（一八五四〜一九一九）建築家。工部大学校造家学科一期生としてコンドルに師事した後、イギリスに留学。帰国後、東京帝国大学教授、建築学会長の要職にあって明治建築界を主導した人物。主な作品に「中央停車場（現・東京駅丸の内駅舎）」「日本銀行本店」など。

＊8　片山東熊（一八五四〜一九一七）建築家。辰野金吾らと同じ工部大学校造家学科の一期生。各地の皇室・華族の施設を手がけた宮廷建築家として知られる。主な作品に「東宮御所（現・迎賓館）」「東京国立博物館表慶館」など。

らなかった構造家、東大教授佐野利器[*9]以来のことではないだろうか（建築が専門ではないから定かではないが）。それ以前の時代には樺島正義[*10]（東京市、日本橋の設計監修で知られる）などの土木出身の橋梁エンジニアが、今の建築構造家の役割を担っていたのである。西欧のアーキテクトとエンジニアの関係のように（この点についても後の章で再び本格的に取り上げたい）。

では、このように位置づけられていた建築は、国家の事業であった鉄道の内部ではどの

＊9　佐野利器（一八八〇〜一九五六）建築家。建築構造学を大成した構造学者。関東大震災後の復興事業では、東京市建築局長として、鉄筋コンクリート造による復興小学校の建設に努めるなどした。

東大の土木と建築の卒業者数

卒業年	土木	建築
1878（明治 11）	3	—
1879（明治 12）	5	4
1889（明治 22）	9	0
1899（明治 32）	30	3
1909（明治 42）	33	16
1918・19（大正 7・8）※	68（39＋29）	31（14＋17）
1929（昭和 4）	38	27
1968（昭和 43）	44	40
1991（平成 3）	55	63
2011（平成 23）	59	62

※大正8年から卒業は7月から3月に変更された。

辰野金吾設計の日本銀行。辰野の勉強の成果。冷たくいうと、ゴタゴタとしていていいデザインとは言い難い。

これも国粋主義者だった辰野の代表作、東京駅舎。大正3（1914）年完成。日露戦争の戦勝記念、日本が一等国入りした記念碑ともいえよう。（提供：ヨシモトポール）

ような地位を占めていたのだろうか。一九世紀の、電化以前の鉄道にあって技術陣の主流を占めていたのは機械と土木だった。蒸気機関車と線路、橋梁とトンネルが鉄道だったのだから（そもそもが一九世紀には技術の中心が機械と土木であったから、一九世紀は「機械と土木の時代」と呼ばれる）。この状況にあって建築の存在感は鉄道では薄かった。当時停車場と呼ばれた駅は、開業時の新橋、横浜などの特別の場合を除いて添え物にすぎなかった。先述したように鉄道敷設の目的は物資輸送にあったのだから。政府にとって大事だったのは線路の延長を延ばすことであり、駅に凝ることは不要不急の贅沢なのである。このような、よくいえば質実剛健、悪くいえばデザイン軽視の政府の考え方は戦前の日本に一貫する思想である。明治二二（一八八九）年告示の東京市区改正[*11]（今の都市改造事業）においても都市計画は都市を装飾することととらえられて、贅沢は不要と元老院に切り捨てられようとしたほどであった。「駅はあればよい」。駅舎を担当する建築は鉄道土木の中の一部門に位置づけられたのである。従って東大建築で鉄道に行くのはまれだった。鉄道建築家で知られているのは伊藤滋くらいではないか。

JRになった現在においても、この事情は変わっていないのではないか。例えば、鉄道事業本部施設部（土木である）の一つの課、建築課という具合に。従ってその発言力は社内にあって圧倒的に弱いのが現実である。なに、西欧に行けばロンドンのセント・パンクラス、チャリング・クロスが、パリに行けばサンラザールやエスト、リヨンなどの立派な

＊10　樺島正義（一八七八〜一九四九）
橋梁技術者。東京帝国大学工科大学土木工学科卒業後、アメリカに渡り橋梁設計の実務および研究に従事。帰国後、東京市橋梁課長、土木課長などを努め、日本橋の設計などに携わる。その後退職し日本初の民間橋梁コンサルタントを設立。震災復興事業における東京、横浜の復興橋梁などにも携わった。

＊11　東京市区改正
江戸時代の都市骨格のままであった東京のインフラの改造を目的とした都市計画事業。東京全体の改造を含んだ一八八九年告示の旧設計は遅々として進まず、一九〇三年に大幅な計画縮小を行った新設計が出され、一九一四年にほぼ完成した。

駅はいくらでもあるではないかという疑問がわくであろう。それはもっともな疑問である。なぜアメリカも含めて西欧には立派な駅舎ができたのかといえば、これらの鉄道は当初すべて民鉄であり、鉄道会社は会社としての信頼性を示し乗客を誘致する広告塔として駅舎をデザインしたからである。銀行が威厳に満ちた厳めしいビルを建てるように。鉄道各社は競って、派手で、勇壮、大規模な駅舎を建てたのであった。これに対して、我が国の鉄道の中心は官鉄だった。鉄道を市民、国民にＰＲする必要はなかったのである。一方の民

復元された新橋駅の外観。設計はアメリカの建築技師、ブリジェンス。

パリ・リヨン駅

パリの北駅。駅舎建築の傑作の一つ。

鉄は日本にあっても西洋のように、やはりデザインを重視した。この事情はかっての関西の民鉄の雄、阪急の梅田駅や南海の難波駅を思い起こせば、納得されよう。

次に、都市の分野では建築はどう位置づけられていたのだろうか。日本の近代都市計画は明治二二年に告示された「東京市区改正設計」に始まる。その江戸のまちの都市改造の主題は街路の拡幅であった。以来日本の都市計画は、街路の整備と区画整理による都市の整形化が主流となって今日に至るのである。つまり都市計画においては基盤造成が主流で、それを担うのは土木のエンジニアであった。建築は定められた敷地に建物を設計する役割に限定されたのであった。都市を代表する市庁舎や図書館、音楽堂などの建築もその敷地選定から建築家が関与した例を聞かない。都市においても建築は敷地の中に閉じ込められていたのである。

ここで要約しておこう。鉄道においては駅舎は軽んじられ、立派な駅舎をつくろうという声は鉄道側からは普通には期待できない。都市が仮にそれを要請したとしても力関係で鉄道はそれを受け入れない、とくに民間企業のJRとなってからはコスト意識がシビアになり、話には乗らないのが一般的である。では都市側で整備する駅前広場はどうかというと、ここでも区画整理は都市土木が実権を握っているのでデザインは尊重されないのである（土木ではデザインの教育は伝統的になされていないので。東京駅においても駅舎は立派だが駅広は何の変哲もない。開業当時の写真を見てもらいたい）。これでは我が国によい駅とよい駅広ができるわけはないのであった。鉄道においても都市においても、建築は土木の下位に置かれていたのだ。より根本的に考えれば、市民、国民が駅や建築にそのような期待をしていなかったということなのだ、ともいえよう。何か一方的に土木が悪いと受け取ってもらっては誤りである。以上は明治以来の職能の位置づけと官庁、国民の価値観を事実として述べたのにすぎないのだから。

かつての阪急の梅田駅。日本の駅としては突出していた。設計は北大土木出身の阿部美樹志。阿部は橋も建築もやったエンジニア・アーキテクトの先達である。内部のアーチ回廊は伊東忠太のデザイン。

まずは新神楽橋を

篠原が旭川に関わり始めた平成八（一九九六）年という年は、旭川プロジェクト（以下、一九九七年に決定したプロジェクトの通称「北彩都あさひかわ」）にとっても画期となった年であった。この年に土地区画整理事業と都市高速鉄道の都市計画決定が告示され、事業が公式に、また本格的に動き出したのである。同時に篠原を呼ぶ場となった鉄道高架景観検討委員会（以下、高架検討委員会）がスタートした年でもあった。平成三（一九九一）年から事業を仕込み、着々と手を打ってきた加藤にはさぞかしうれしい年であったことだろう。

平成八年一〇月二四日、例のごとく平河町の加藤の事務所で高架検討委員会の事前打ち合わせ。一〇月二八日、九時五〇分のANAで旭川へ出発。一三時から第一回の高架検討委員会が始まった。篠原は夕方のパーティーを欠席して、一九時三〇分のJAS（現JAL）便で帰京。翌二九日午前に人間ドックのポリープ切除の検査結果を聞くためだった。この委員会で印象に残ったのは加藤の鮮やかな議事の切り回しだった。道庁、旭川市、JR北海道をはじめとする大人数の会議の進行を手際よく進めたのである。当時、加藤五六才。脂の乗り切った時期であったろう。この会議に内藤が出席していたか否かは定かでない。おそらくいなかったはずだ。なぜなら、この委員会は鉄道高架の委員会で駅舎建築以前の土木主体の委員会であったから。

高架の委員会とはいうものの最初に取りかかったのは新神楽橋だった。大雪道路が石狩川の支流、忠別川を渡る地点に神楽橋が架かっている。この橋は二車線しかなく、ろくな歩道もなかった（のちにこの橋は歩行者専用の橋にリニューアルされる）。新神楽橋は神楽橋に代わる道道の幹線の橋である。新神楽以外にも忠別川には二本の橋が計画されていた。当時の仮称、新永隆橋と昭和橋である（現在は氷点橋、クリスタル橋。何という品のない名前であろう）。都合三本の橋をデザインすることが求められていたのである。この三本の、特に新永隆と昭和は「北彩都あさひかわ」において重要な橋であった。地上の線路で止まっていた道路を連立により貫通させ、それを橋を介して忠別川対岸まで延ばすこと。これによって鉄道と川によって分断されていた町を一体化する、それが「北彩都あさひかわ」の最大の目的だったのだから。

篠原が初めて旭川に飛んだ時点で、当然のことながら新神楽橋の原案はできていた。この案は桁型式で、その桁高は異様に大きかった。この案でいくと将来歩行者専用の橋になる神楽橋からは新神楽橋の桁に邪魔されて、明治の一時期計画されていた離宮予定地、今の神楽岡公園への眺望が遮られてしまう。そして何よりも、将来市民の憩いの場となる忠別川河川公園にゴツくて、不恰好な構造物が出現することになってしまう。のっけからの難題であった。さてどうしようかと篠原は考えた。デザインをするといっても篠原に線は引けないから、実務のデザイナーがパートナーとして必要なのである。「ここはやっぱり大野さんか」。大野さんとはインテリアから転じて橋のデザインを専門としている大野美代子[*12]のことである。首都高に頼まれた歩道橋、蓮根歩道橋でデビューし、かつしかハープ橋、横浜ベイブリッジなどの名橋を手がけてきた実績を持つ（いずれも土木学会田中賞）。大野とは江戸川区の大杉橋などで組んだ経験があった。気心は知れているしスキルは十分すぎるほどある。特に印象に残っている仕事は平成五（一九九三）年、新潟県主催の上越市の関川に架ける橋のコンペだった。審査員は元建設省住宅課長にして、都市計画界のリーダーの一人である某氏に景観の中村良夫など。応募者が豪華メンバーだった。すでに名声を確立していた建築のd、東大建築のe、橋梁が専門の東工大のf、それに篠原。そしてここに新進の建築家の内藤が加わっていたのである。指名コンペであった。建築三人に土木が二人。このメンバーがどういう基準で選ばれたのかは知る由もなかったが、やるからには勝たなければつまらない。我々のチーム編成は篠原に助手のB、卒論の橋梁設計論でデザインセンスがあると見込んだ修士のE（研究室三期生）と大野美代子のエムアンドエムデザイン事務所であった。コンペは初めてだったが、相手がどう出るかを読んでこちらのユニークさをアピールしなければならない。「fは吊ってくるだろう（吊り橋タイプの橋が得意だから）、eはほんわりとした形できそうだ」「dは分からない」。「でも聞くところによるとアクリルで模型をつくっているらしい（アクリルは高価な材料なのである）」。内藤に関しては皆目見当がつかなかった。すでに書いたように、何せ篠原は内藤を知らな

＊12　大野美代子
インテリア、橋梁デザイナー。エムアンドエムデザイン事務所主宰。家具、インテリアデザインを専門としていたが、一九七七年の蓮根歩道橋のデザインを手がけたことを契機に橋梁のデザインに携わる。主な仕事に「かつしかハープ橋」「横浜ベイブリッジ」「鮎の瀬大橋」など。

かったのだから。

篠原の考えをEがスケッチし、それをエムアンドエムの部隊が図面に落としていく。案は大小のアーチが連なる単弦の下路橋とした。単弦としたのは上越市が豪雪地帯で、道路面に雪を落とさないためである。またアーチを大小の非対称としたのは、橋を背後に見える妙高とペアの眺めとすることに加え、橋に動きを出したかったからである。平成五（一九九三）年の年末から正月を挟んで、当時青山にあったエムアンドエムの事務所に詰めて

蓮根歩道橋。大野美代子のデビュー作。歩道橋デザインに革新をもたらした作品だった。（撮影：藤塚光政）

やったかいがあってか、初めてのコンペには勝つことができた。篠原がうれしくなかったといえば嘘になろう。終わった後になって、いろいろの話が間接的に耳に入ってきた。実は某氏は建築のｅに勝たせたかったのだ、などなど。某氏は土木のデザインに新風を吹き込みたかったのであろう。他の案をサラリとだが見せてもらったことがある。ｅの案は篠原の想定のとおりで、ほんわりとした、なかなかに魅力的な形であった。しかし、これでは橋の構造にはならない。内藤の案は古代ローマの石造アーチのごとき橋だった。建築史の講義ではローマが出てくるはずだから、石造のアーチ橋を見ていたのだろう。しかし、鉄やコンクリートの近代橋梁は知らなかったのだと思う。

この橋のコンペ時の仮称は久比岐《くびき》大橋。久比岐平野の中にある橋であることによる。のちの正式名称は謙信公大橋、嫌な名前だと思う。日本の伝統では橋の名は地名からとることになっているのにもかかわらず。でも地元では上杉謙信は誇りなのであろう。

さて、新神楽である。桁高を小さくするには上路のアーチとするか下路のアーチにするほかはない。路面位置は動かせないから上路のアーチとするほかに選択肢はなかった。問題は積雪対策である。落雪が車両の通行を阻害しないように二本のアーチを結ぶ横つなぎ材なしのタイプとした。これは構造のほうが苦労する橋なのである。おまけに忠別川右岸側には南六条通り（南六）からのランプも取らねばならない。このランプからの側線はアーチの外側にとる橋とした。そして大雪通りの本線は南六を跨いで市街地につなげねばな

［上］旭川の新神楽橋。これも大野美代子と。桁厚を薄くするためにアーチで補剛した。ここでも積雪の落下を考慮して、横つなぎ材はない。両サイドにランプがつく難しい条件であった。
［下］新神楽の現場。左：加藤、右：篠原。

謙信公大橋。コンペ初参加にして勝った橋。大野美代子と。大小二連のアーチで動きを出し、背景の妙高山とバランスをとった。積雪の落下を考慮した単弦としている。

らない。つまりアーチの新神楽、南六上の高架、盛土となるのである。この難問を大野はいつものコンビである池上和子と組んで見事に解決した。北彩都あさひかわ第一号の橋の完成だった。この橋には、目に見える初めての構造物だったこともあったのだろう、加藤は細かい点にまでこだわった。特にしつこかったのは、盛土部分の擁壁の仕上げだった。擁壁面の下げ幅とその表面仕上げ。加藤は手ハツリを主張したがそれでは金がかかりすぎる。道路は建築とは単価が違うのだ。篠原は大野と何遍もやっていたので、これでよいとサインを出すのだが、加藤はなかなか納得しないのである。大野が珍しくいささかウンザリという顔をしたことを思い出す。

でき上がってみれば新神楽は優雅なアーチを描き、南六の高架はスレンダーでスッキリしたものとなった。新神楽のアーチが架設された段階でアーチ上に登ってチェックすることになり、例のごとくにヘルメットを被り、パイプの足場を登っていく。いつものことながら、いくら注意をしてもメットが頭上のパイプにコツンコツンと当たる。それがむしろ心地よいと感じられるようになれば一人前である。ひと息入れて下を見ると加藤が登ってくる。腰が引けているのがわかる。建築の加藤が足場を経験していないわけはないはずだが、と篠原は怪訝に思った。宙に浮いているアーチの足場と壁に沿った建築の足場では怖さが違うのかもしれなかった。アーチの上に立つと防護のネット越しではあるが上流には間近に神楽岡の森が見え、下流側にはとうとうと流れる忠別川、そしてその右手には高架の駅舎ができるはずである。

新神楽のアーチには後日談がある。ようよう橋の姿が見え始めたころ、旭川の市議会で女性の議員から次のような質問が出たのだという。「今度の橋は曲面の上を走るんですか」と。つまりこの議員はアーチリブの上面が路面になるのだと思ったらしい。旭川市の職員に聞いた話である。奇想天外というか、漫画に毒されているというか、素人は思いもよらぬことを考えるものである。

新神楽に続く南六の高架橋。実にきれいに仕上がった。大野ならではである。

忠別川の河川敷公園。B.ジョンソンのデザイン。滑らかにうねる園路の曲線が素晴らしい。造成を担当した北海道開発局の河川部隊の功績でもある。実に熱心だった。大規模河川の公園では一番だろう。北海道らしくおおらかでよい。

委員会の雰囲気

今、手元に「北彩都あさひかわ」の年表を置いて当時を振り返ってみると、篠原には知らされていなかったことが多いことに気づく。呼ばれたからには当然橋は篠原にすべて任されたと思い込んでいたのだが、当初から橋の懇談会（旭川市主催）は別に設けられていたのだった。具体的なデザイン検討をするわけではないから知らせることもなかろうと思ったのか、すべては自分がコントロールし、必要な分野のみ関わってもらえばよいと考えたのか、篠原参画当初の加藤の心境はわからない（のちに確かめると加藤も市の橋の懇談会については知らなかったという。何を議論していたんだろうか）。当時の北彩都あさひかわにおいては高架以外に数多くの委員会が設置されていた。「まちづくり」「町並み」「水辺」「景観（建築と広告物のコントロール）」など。そのすべてを加藤が仕切っていたのである。普通にいえばコンサルタントにここまで任せることはない。この点を最近になって加藤に確かめると、連立の元締めである建設省（当時）都市局の信頼が厚かったからであろうと加藤は言う。市は都市局の信頼を得ている加藤に頼り切っていたのであろう。篠原は鉄道高架委員会の一委員にすぎず、内藤に至っては実質的には篠原よりさらに遅れてこの委員会に参加したのであった。北彩都あさひかわは加藤のプロジェクトであり、内藤と篠原はそれを支えるために呼ばれた助っ人であった。この加藤主導のやり方に微妙な変化が生まれるのは鉄道高架の設計が本格化し、駅舎のデザインが始まる三、四年後のことである。

　この時期の委員会は駅から北に上がった旭川グランドホテルの二階の大会議室で持たれることが多かった。時に例外的に市の別館会議室。テーブルがロの字に配置され、正面の席には大学人である篠原、小林英嗣[*13]（北大、都市計画）、大矢二郎[*14]（旭川東海大、建築）が並ぶ。その対面の席には事務局を務める旭川市、その横と後に実務を担う設計事務所とコンサルタントの面々となる。正面席から見て左手には、忠別川を担当する北海道開発局、市と同様の事業主体である北海道庁、途中の段階からJR北海道。右手には市の幹部、そしてその正面寄りの角は加藤の指定席となっていた。その隣に加藤事務所の番頭だった高見公雄[*15]。通常の委員会では委員長が議事を進行するのだが、旭川では加藤がその進行を仕切っていた。実質的には加藤の委員会だった。何せプロジェクトを平成三年からここまでもってきたのは加藤だったのだから、誰にも異存はなかった。この当時から現在に至るまで、事業主体の一つであるはずの道庁の発言はごく少なかった。次章に述べる同じ連立である、日向のプロジェクトにおける宮崎県とは好対照であった。

　忠別川の造成を担当した開発局の河川部隊は積極的で我々の期待以上の働きを見せた。基本形を設計したビル・ジョンソンが描いたとおりのきれいな河川敷公園が実現した。これは河川部隊の功績である。一方の道庁の本庁とその出先の旭川土木現業所（旭川土現）がなぜあれほどに発言しなかったのか、それはいまだに篠原には謎である。金を出さねば

＊13　小林英嗣（一九四六〜）
北海道大学名誉教授。二〇一〇年より一般社団法人都市・地域共創研究所代表理事。

＊14　大矢二郎（一九四四〜）
建築家、東海大学名誉教授。主な仕事に「平和通買物公園リニューアル計画」「東海大学芸術工学研究館」など。

＊15　高見公雄（一九五五〜）
都市計画家、法政大学教授。日本都市総合研究所代表取締役。

ならないはめに陥らないように口も出さないのだ。つまり何か積極的なことを言うと、それを実現するための金も出さねばならなくなることを恐れたのだ、という解釈が当時一般的だった。本当のところはよく分からない。仕切っていた加藤にはその事情は分かっていたのかもしれない。市の担当者もよくいえばジェントル、日向に比べ、悪くいえばおとなしかった。沖本亨、鎌倉博幸。加藤お気に入りの後藤純児はしっかりしていて対応は的確、幹部では初期の山谷勉、板谷征一が積極的だった。なぜこういうことになるのか、一説によるとこうだ。北海道の土木、都市、建築を仕切っているのは北海道大学（北大）である。なにせ北大は旧帝大の一つであり、今なお総合大学は国立大学では道内広しといえど北大しかないのである。その北大土木、建築を出ればまず第一に開発局、次が道庁、その次が市町村という順なのだという。本当かどうか分からぬが、ありそうな話ではある。市の幹部だった板谷などはこの北大の路線から外れているので、むしろ臆せず元気なのだと。これも何となくそうかもしれぬと思わせる話だった。

　会議に合わせて我々が泊まるホテルは会議場のグランドホテルか、ややそこから離れたニュー北海ホテルだった。北海ホテルは取り壊されて今はない。妙なホテルでいやにだだっ広く、継ぎ足して新館を建てたのだろう、廊下の途中には段差があった。混んでいた記憶はほとんどなく朝起きてレストランに行くと加藤源がいて、加藤がアメリカから呼んだビル・ジョンソンが静かにコーヒーを飲んでいるのだった。ビル・ジョンソンはいかにも

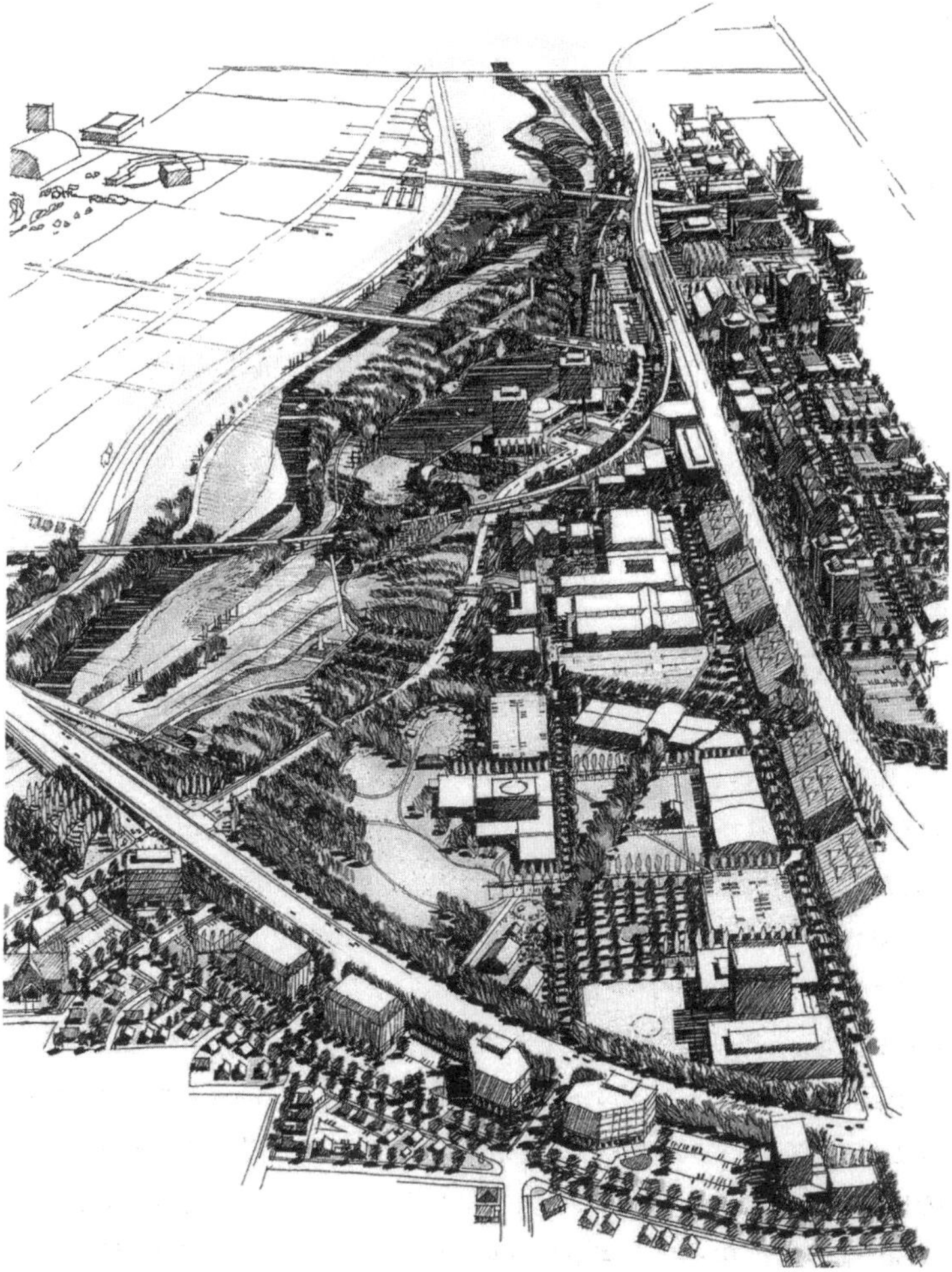

ビル・ジョンソンの手になる「北彩都あさひかわ」の全体俯瞰パース。ビル・ジョンソンは抜群に絵のうまいランドスケープアーキテクトである。デザインももちろんうまい。ピーター・ウォーカーのパートナーであった。

東海岸のジェントルマンで物腰は柔らかく、発音もきれいだった。彼は、かのピーター・ウォーカーのパートナーであった。なぜ加藤がピーター・ウォーカー[*16]やビル・ジョンソンを呼びえたのかというと、それは加藤が留学したハーバード大学のつながりなのである。加藤はこのハーバードつながりを大切にしていた。ビル・ジョンソンの日本側のパートナーに造園のＤＭを選んだのも、また旭川の後藤（アメリカ留学組）を頼りにしていたのもこのハーバード、アメリカつながりではなかったかと思う。この選択のうちビル・ジョンソンを引っ張ってきたのは大正解だったと思う。ビル・ジョンソンはスケッチが抜群にうまく、北彩都あさひかわの全体像を描いた鳥瞰スケッチは計画の意図を関係者に伝えるに力あって余るものだと思う。仮に全体のマスタープランは加藤のアイデアであったにせよ、それを一目で分かるように描き出したのはビル・ジョンソンの功績だった。ＤＭには手こずった。何せ、河川の仕事をやったことがなかったらしく、護岸の石積みができないのである。しかし篠原は加藤組の一員にしかすぎない立場であったから、何とか一緒にやるしかないのである。

ちなみに、予算の都合からか、途中からビル・ジョンソンは顔を見せなくなり、平成二一（二〇〇九）年の一次開業にも、二二年の駅のグランドオープンにも来ることはなかった。加藤もビル・ジョンソンも残念なことだったろう。

＊16　ピーター・ウォーカー（一九三二～）
アメリカのランドスケープアーキテクト。日本での主な仕事に「豊田市美術館」「丸亀駅前広場」「さいたま新都心けやきひろば」など。

ＪＲ北海道の英断

ＪＲ北海道は昭和六二（一九八七）年の国鉄解体、分割民営化以来の新しい、しかし苦しい会社である。周知のように国鉄は七つの会社に分割された。一つの貨物と六つの旅客へ、旅客は北からＪＲ北海道、東日本、東海、西日本、四国、九州である。首都圏をドル箱とする東、東海道を握る東海、関西圏の西は本島会社と呼ばれ経営に不安はない。これに対し、北海道、四国、九州は三島会社と呼ばれ経営は苦しい。とくに人口の少ない四国と面積の広い北海道は大変なのである。ちなみに新潮社が発刊している『日本鉄道旅行地図帳』を繰ってみるとよい。この北海道から九州、果ては戦前の朝鮮、満州までの鉄道を網羅したシリーズには路線、駅の開設年が記載されており、さらには廃止路線とその廃止年までもが示されている。路線を見ると、民営化前後で廃線になっているのが一番多いのが北海道なのである。とはいえ枯れてもかっての鉄道省、国鉄の伝統を受けた組織ではある。当時の施設部の吉野伸一を筆頭とする技術陣は確かであった。その英断の話を次に紹介しておこう。

連立の場合、まず問題となるのが線路をどう振るかである。道路や建物を新設するのとは違って、鉄道では列車を運行しながら新しい線路を敷き、新しい駅舎を建設しなければならない。だから線路を現線のどちら側に持ってくるかが問題となる。旭川の都市側に（北へ）振れば車両運行上問題は少なく、ＪＲ北海道はそれを候補としていた。この案に加藤が異を唱えたのである。川側に（南へ）振れば、忠別川の直近に駅がくることになり川、つまり自然と駅との親和性が強まる。これに加えて地価の高い都市側に土地が多く取れることになって経済的にも有利となる。しかしその振り方では線路線形に多少無理が出て、ブレーキの回数が増えて運行上問題が生ずる。それが半永久的に続くのである。これはJRの主張であった。議論の結果、加藤の意見が通った。JRが折れたのである。以上は篠原が旭川に参加する前の都市計画決定以前の話で、加藤の語るところである。これは大きな決断であった。JRの決断が都市側にJRの土地がより多く確保できるという経済からくるものであったにせよ、結果的に旭川駅が忠別川に近接することになって、現在のキャッチコピーとなった「川のある駅」が誕生することになったのである。強いて難点を挙げれば、駅広の懐が深くなって都市軸である買物公園[*17]から駅舎への距離が遠くなったことだろう。加藤の最大の功績の一つといってよい。

第二の決断は篠原との議論の中から生まれた。線路の配置と駅舎の位置、それを駅広と付き合わせてみると、駅中心と駅広中心線が五〇メートルほどずれているのである。このままの案でいくと、駅広に立って駅舎を見た場合に右手の（西側の）駅舎は手前のビルに蹴られて隠れ、左手側（東側）では途中で駅舎が途切れて背後の空が見えることになってしまう。これはまずい。アンバランスで収まりが悪い。篠原はそう考え、JRにプランの変更を迫った。理論的には駅広のほうをずらしてもよいのだが、既存のビルがあり駅広に

＊17　平和通買物公園
旭川駅から八条通に至る約一キロメートルの歩行者天国。一九七二年に日本初の恒久的歩行者天国として開設された。

面した民地が確定している今の時点となってはそれは不可能である。ここはＪＲに譲歩してもらう他に途はない。話を進めるとこれはかなりの難題なのだった。考えてみれば当たり前で、駅の前後、駅構内では多数のポイントがあり、駅中心をずらせば線路設計は全てやり直しとなるのである。そんな厄介なことを、実務家の目でみれば単に見てくれの点を理由に、やってくれるだろうか。篠原は言い出したものの半信半疑だった。待つことしばし、ＪＲの回答はＯＫであった。ＪＲにとっては実質上なんのメリットもないのにである。これもＪＲの英断であった。のちに知ったのだが、この決断はＪＲ土木部隊の吉野以下の陣容ゆえに可能だったのだと思う。我々は運がよかった、いや、旭川の市民は運がよかったのである。バランスのよい駅広の景観となって。

こういう具合に当初のプロジェクトは進んでいった。まだ内藤の出番は先のことだった。連立ではまず土地利用と高架の計画が先行し、それに道路や橋などの地上のインフラのデザインが続き、建築である駅舎の出番は最後となるのだから（日向では内藤は最初から参加する体制をとった）。議論はもっぱら加藤、篠原、ＪＲの三者によってなされていた。内藤と篠原が強く結びつき始めるのは、旭川に二年遅れて平成一〇（一九九八）年から始まった日向の連立である。

四章　もう一つの連立、日向プロジェクト始動

旭川と日向

旭川へ通い始めて二年後、平成一〇（一九九八）年には西から声がかかった。宮崎県、日豊本線の日向市駅の連立である。声をかけてきたのは都市計画の佐々木政雄[*1]だった。佐々木は早稲田の建築、吉阪研の出身である。奇しくも内藤の六年先輩にあたる。六年も違い、内藤が入学したころはまだ早稲田は大学紛争の真っ只中だったから、在学中には面識はなかった。佐々木はドクターまでいって修了後アトリエ74というコンサルタントを設立する。一九七四（昭和四九）年に設立したので74というわけである。以来、佐々木の仕事は建設省都市局所管の事業がもっぱらとなって、今日に至る。本人の言によれば、佐々木は「本籍建築、現住所土木」という人間なのである。プロジェクトが連立という事業で都市計画から声がかかったという点では、旭川と日向は全く同じパターンだった。しかしその後の展開は著しく違うこととなった。原因は二つあった。その一は、これはだいぶ後になって実感するのだが、事業主体である道、県の意欲の差である。旭川では当初からコンサルタントの加藤がイニシアティブをとって事業を進めてきたのに対し、日向においては事業主体である宮崎県がリードしていたのである。日向市以前に宮崎県は、これも同じ日豊本線の宮崎駅の連立を実施していた。これがJR九州とうまくいかず、苦杯をなめていたのである（この辺りの事情については『新・日向市駅』に詳しく書いたのでそれを参照願いたい）。県の土木職中村安夫がはじめに日向連立の旗を振ったのだといわれているが、県は

＊1　佐々木政雄（一九四五～）都市計画家。早稲田大学大学院博士課程修了後、アトリエ74建築都市計画研究所設立。主な仕事に「金沢市兼六園周辺」「川越市中心市街地地区」「日向市連続立体交差」など。

宮崎駅の失敗は日向では繰り返したくなかった。この中村を皮切りに、土木の井上康志、藤村直樹、建築の森山福一などの人物が日向のプロジェクトを担い続けていくのである。県はJR九州とやり合える人物として篠原を呼び、そのもとに委員会を設置してことを運ぼうと考えたのだ。従って佐々木は裏方にまわり、委員会は篠原、内藤、地元から宮崎大の出口近士[*2]に宮崎県、日向市、JR九州のメンバー構成となった。初めから、篠原、内藤のラインでいくことが鮮明にされていたのである。

*2　出口近士（一九五三〜）
宮崎大学教授。専門は地域・都市計画、交通計画など。

日豊本線宮崎駅。単なる飾りとしての衝立のデザイン。ホームの空間は従来と何の変わりもない。宮崎県土木が奮起するきっかけとなった。

JR九州の斬新な車両。すべてが水戸岡鋭治のデザインである。

次の相違は交渉相手のＪＲの違いだった。ＪＲ九州はＪＲ北海道のようにジェントルではなかった。ＪＲグループの中では、その車両の斬新さに現れているように、万事につけ積極的である。自分の意見を強く打ち出してくる。ＪＲ北海道とはトラブルらしいトラブルはなかったが、ＪＲ九州とは何度もぶつかった（これも『新・日向市駅』参照）。ぶつかって、やり合ったがゆえに、むしろその後の緊密な関係が生まれたのである。同じ鉄道マンとはいいながら北と西の気質の違いであろうか。一体に九州人は関東人に近く、ざっくばらんである。これは鎌倉幕府成立後、頼朝が関東武士の多くを守護、地頭として九州に送り込んで以来のことではないかと思う。これに対し北海道は明治の開拓以来の歴史を受けて、東北色が強いのだと思う。

原因は二つだと書いたが、以下に述べる第三の点が一番大きいのだろうと今は考える。それは、いささか陳腐な言い方にはなるが、地元の市町村の職員の意識である。より具体的にいえば危機感があるか否か、それがどの程度共有されているかである。旭川は、かつての勢いはないとはいえ人口三五万余、北海道第二の都市である。これに対し日向市は合併前は五万弱、合併でようやく六万。旭川の名は皆知っていようが、日向市はほとんど知られていないのではないか。篠原もプロジェクト参加前にはその名は知らなかった。東京人であった漱石の『坊ちゃん』を読めば、これは明治の話だが松山ですら田舎、その松山から左遷されて「うらなり」先生が行くところが延岡である。その田舎（松山）の田舎

（延岡）よりさらに日向市は田舎なのである（旧富高町、失礼ながら）。日向市の職員はこの連立に賭けていた。区画整理、商業活性化と連立の三本柱で中心市街地の再生を果たそうともくろんでいた。この事業に失敗したら後がないのだ。宮崎県共々意気込みが違っていた。旭川市の職員には少なくとも、そこまでの意気込みが感じられなかった。

こういうと山谷、板谷の元両部長には怒られそうだが。この時期に同時進行していた、同じく連立の高知駅では危機感は旭川よりなお薄かったように思える。委員会を設置して、そこには学識経験者に加え高知県、高知市、関係する民間団体、JR四国が入り、プロジェクトを進めるというやり方は旭川や日向と同様であった。しかしその委員長には県のOBをあて、その委員長が体調を崩してからは地元高知大の先生がその後任となった。この人物はよい人間ではあったが、なにぶん専門が違いさらには実務の経験も皆無なのだった。従来からの県のプロジェクトと同等の事業だから地元主導でと考えたのだろう（本当は高知市の顔をつくるのだから違うはずである）。篠原は内藤とともに彼を支えたのだが、最後の駅広の段階になってこの委員会は機能しなくなった。今こうやって反芻してみると高知市は人口三〇万余、旭川と違って、何よりも高知県の県都なのである。担当した当人たちはそうは思っていなかっただろうが、やはり危機意識が薄かったのだろうと考える。

舞台は日向に

平成一〇（一九九八）年一〇月二六日、篠原、内藤は佐々木とともにANAで宮崎に飛んだ。空港から北上する特急、約一時間の旅で日向市駅に着く。初めての日向市入りであった。駅には県、市の職が出迎えてくれた。昼食のトンカツ屋まで街中を歩く。ガラーンとしたひと気のないまちだった。第一開けている店が少ない。「こんなまちが何とかなるんだろうか」。言葉には出さなかったが内藤と篠原の共通の思いだった。この時期には内藤、篠原のコンビはすでに確立していた。なぜならその前年から内藤が土木工学科に非常勤で教えにきていたからである。先に書いたように、設計演習である景観設計IIの担当には第一線で活躍中の人物に頼む、これが篠原の方針であり、第一号の中野に続いて第二号には河川の岡田一天《かずたか》＊3（東工大社会工学科出身、中村良夫の教え子）に頼み、三代目を内藤にお願いしていたのである。

夜は高台の広場で歓迎のバーベキューパーティーが開かれた。迎えてくれた人々は熱かったが、すでに秋の深い外気は冷たく寒かった。我々東京組の心も晴れなかった。本当に、こんな寂れたまちを再生できるのだろうかと。翌平成一一年一月一三日には第一回鉄道高架駅舎デザイン検討委員会が、宮崎県庁の分室で開催された。委員会の構成は前述のとおりで、篠原が委員長となってスタートしたのだった。無難な出だしであった、この時点では（先にも述べたように、日向についてては『新・日向市駅』にプロジェクトの顛末を詳し

＊3　岡田一天（一九五三〜）　土木デザイナー。主な仕事に、「中筋川ダム景観設計」、「苫田ダムグランドデザイン」、「津和野川河川景観整備」など。

く紹介したので、以下には旭川との比較で必要なことのみを書く)。

プロジェクトの進め方において日向を特色づける点を、以下に要約しておこう。まず第一に委員会の下にデザインワーキングを設けたことである。委員会では時間に限りがあるので、突っ込んだ細かい議論はできない。通常は担当者同士がその議論をするのだが、その議題に関係する人間のみがそこに参加する。例えば、議題が駅舎の場合にはJRの担当者と仕事を受けている設計事務所のみで議論される。鉄道高架や駅広を担当する人間はこの議論の結果しか知らされない。それも間接的に。これでは真意は伝わりにくいし、高架や駅広からの駅舎に対する意見も間接的にしか伝えられない。デザインワーキングでは関係者一同が参加することで、自分が直接的に関与しない議題の議論の中身を知ることができ、場合によっては意見を述べることも可能なのである。篠原はこれを「大テーブル方式」と呼んでいる。多人数が集まるので調整は大変になるが互いに顔を付き合わせての議論になるので、間接話法に基づく真意の誤解や、議論の出戻り、再確認などの無駄がないのである。

第二に必要に応じて、デザインワーキングとは別にワーキングを設けた点である。駅舎に地場産の杉を使おうと決めた時点で木材ワーキングがスタートした。設計に当たる内藤事務所と構造の川口衞[*4]事務所に宮崎県の林務部局、木材利用センター、地元の森林組合などが加わる。第三には高架、駅舎、駅広とは別に動いている市の区画整理と商業の委員

*4 川口衞(一九三一〜) 構造家。法政大学名誉教授。川口衞構造設計事務所主宰。坪井善勝の下で国立代々木競技場の構造設計を担当。日向市駅では通常構造材としては使用されない杉を使った大屋根の構造設計を行った。

会の委員長を鉄道高架や駅広委員会の委員にも任命したことである（街なか魅力拠点整備検討委員会、ふるさとの顔づくり委員会、市駅広報委員会などの委員長）。具体的には宮崎大の出口、吉武[*5]の両名である。これで連携がとれることとなって鉄道は鉄道、まちはまち、という切れた関係の弊害を乗り越えることが可能となったのだ。第四に市民向けのシンポジウムを頻繁に開催したことである。これは事業主体である宮崎県の強い肩入れの現れであった。委員会がスタートして一〇か月後の平成一一（一九九九）年一一月には早くも第一回のシンポジウムが開催され、以降平成一五（二〇〇三）年までに五回のシンポジウムが行われた。年一回のペースであった。このシンポジウムにより地元の人々がパネラーとして壇上に上がることはもちろんのこと、県が何を考え、さらには設計にあたる我々が何を目指しているのかが市民に伝わったのである。会場には案を形にした多数の模型が展示されて、市民がその将来像を語り合うことができる。何よりも効果があったと我々が思うのは、設計にあたる当事者がどんな顔をした人物で、どんな声でしゃべるのかを市民が知りえたことであったろう。従来型の公共事業は、一般的にいうと役所の誰が担当しているのかもわからず、ましてや仕事を受けているコンサルタントや設計事務所の誰が実務を担っているのか、それは闇の中なのである、少なくとも一般市民にとっては。

第五に日向市の和田康之の発案による小学校の課外授業を行ったことがある。プロジェクトが動き出して四年目、平成一〇（二〇〇二）年に内藤、篠原、出口、吉武が富高小学

＊5　吉武哲信（一九五三〜）九州工業大学教授。専門は地域・都市計画、コミュニティ計画など。

より大々的に実施した課外授業。南雲、若杉、千代田のデザイントリオが参加。彼らのパワーとボランティア精神は出色だった。この時の小学生との付き合いは、今でも続いているようで、彼ら、彼女らはもう大学生、社会人である。(提供：ナグモデザイン事務所)

初めての課外授業。内藤、篠原、出口、吉武が参加。日向市の和田が仕掛け人である。小学6年生と付き合うのは相当のパワーが必要である。それを内藤ともども実感した。

校の六年生と模型をつくり、駅周辺にあってほしい将来像を描く課外授業を実施したのであった。この試みは小学校の校長先生とクラスの担任の三人の先生がやりましょうと言ってくれなければできなかったものである。小学生がやることになれば、当然ながらその父兄も参観に来る。実施した後で再認識したのだが、この試みはまちづくりにとって極めて有用な方法であった。この成功に気をよくした市は二年後の平成一六（二〇〇四）年、今度はデザイナーの南雲勝志[*6]、若杉浩一[*7]、千代田健一[*8]の三人で再びの課外授業を行った。これはより本格的なもので小学六年生各人に模型をつくらせ、その中から三点を選んで実物大の屋台を製作したのである。この屋台は市に寄贈されイベントの折に大活躍することになる。この活動はのちにGマーク[*9]の賞を受賞することになる。

以上に述べた日向プロジェクトの特色は、宮崎県と日向市の職員の柔軟な発想とこんなことをやってみようという積極性に支えられていたのである。これらの活動により、日向市民は次第に新たにできる駅と広場は自分たちのものだと思い始める。残念ながら、このような活動は旭川や高知では見られなかった。高知では初期の鉄道高架のデザイン段階において市民へのプレゼンテーションを兼ねたシンポジウム（平成九年一〇月）が行われたのだが、駅舎と駅広の段階では尻すぼみになってしまった。旭川では一〇年以上の期間に二、三回のシンポジウムが開かれたのみであった。いや、旭川や高知が普通で、日向が特殊であったというべきかもしれない。

＊6　南雲勝志（一九五六〜）　インダストリアルデザイナー。ナグモデザイン事務所代表。日本全国スギダラケ倶楽部代表として木材を活用したまちづくりでも活躍。主な仕事に「皇居周辺道路環境整備計画照明デザイン」「日向市市外および駅前広場ファニチャーデザイン」「行幸通り照明ファニチャーデザイン」など。

＊7　若杉浩一（一九五九〜）　デザイナー。内田洋行勤務。日向市課外授業で講師を努め、企業としてまちづくりに参加。

＊8　千代田健一（一九六四〜）　デザイナー。パワープレイス勤務。日向市立富高小学校課外授業で講師として参加。

＊9　Gマーク／グッドデザイン賞　一九五七年通産省によって創設された「グッドデザイン商品選定制度」を母体として、現在は公益社団法人日本デザイン振興会が主催しているデザイン推奨制度。受賞対象は家電や車から地

同時並行で動くプロジェクト

　この時期、内藤と篠原は旭川と日向のみでコラボレーションしていたわけではない。篠原が平成四（一九九二）年以来係わっていた苫田《とまた》ダム（国交省のダム、岡山県）にも途中からではあるが、内藤が参画していた。ダム事務所から仕事を受けていたダム水源地センターのgが管理事務所のデザインを内藤に頼むべきだと強烈に主張し、委員会に内藤が入ることになったのである。通常のやり方では管理事務所のデザインは国交省の営繕の仕事なのである（だからつまらないデザインにしかならない）。管理事務所の位置は敷地に余裕がなく、かつダム天端の道路がこの敷地を横断するため、通常の設計であれば三階建てのコンクリートの箱とならざるをえない。内藤はこの悪条件を見事にクリアしてみせた。八本の柱で建物を持ち上げてピロティ形式とし、その下に道路を入れ、そこに正面玄関を設けた。事務所の管理部門は二階のワンフロアにまとめられている。職員は階段を昇り降りする必要がない使いやすいプランである。ダムの上下流の視認性もよい。ピロティ下には展示室が設けられ、そこから二階高さの眺望テラスに出ることができる。免震は柱の頭でとっている。構造的に言えば、八本橋脚の高架橋の上に建物をのせたものといえよう。この苫田ダムの委員会は平成四（一九九二）年から始まり、竣工の平成一四年まで続いた。まる一〇年間のプロジェクトだった。メンバーは河川の名合宏之《なごうひろし》（岡山大学、委員長）、植生の千葉喬三（岡山大学）、デザインの清水國夫（岡山県立大学）に篠原の四人。これ

域づくり、ビジネスモデルなど有形無形を問わず多岐にわたる。受賞するとGマークをつけることが認められるグッドデザイン賞とその他から選ばれる特別賞によって構成される。

に途中から内藤が加わったわけだ。ひと口に土木とは言っても、その中は道路、橋梁、トンネル、鉄道、河川、ダム、港湾、都市、空港などに分かれていて建築のようにエンジニア間に相互の融通がきくわけではない。だからダム事業のようにダム本体、道路と橋、河川、公園、広場などを総合的に扱わねばならないプロジェクトでは土木の分野内でのコラボレーションが必要となるのである。篠原は建築とのコラボレーション以前に土木内のコラボレーションを実践していたのである。内藤の管理事務所ができて「画竜」に「点睛」が入ったと篠原は感じたものだった。これは建築をも取り込んだコラボレーションの成果に違いなかった（詳しくは篠原修編『ダム空間をトータルにデザインする』を参照）。また、この苫田ダムの開始時点の平成四年においてすでに篠原は委員会の下に橋やトンネル坑口、付け替え道路などのデザイン原案をつくるデザインワーキングを設けていた。メンバーは岡田一天（ダム本体と水辺）、畑山義人[*10]（土工とトンネル坑口）、高楊《たかやなぎ》裕幸[*11]（橋梁）、皆三〇代、四〇代の若手、中堅のバリバリだった。この方式はのちの日向や旭川においても踏襲されることになる。

高知の連立に戻ろう。そのスタートは早かった。当初は鉄道の高架と高知駅西の小さな駅のみだった。篠原が呼ばれ、篠原は大野美代子に加勢を頼んでデザインの業務はスタートした（平成七年度）。この高架の橋脚は側道との関係と、高架下の利用を考えて二本柱とした。側道の使い勝手を重視する場合（市《いち》の開催）には二本柱を中央にまとめ、高架下

*10　畑山義人（一九五四〜）土木エンジニア。清水建設を経て現在ドーコン勤務。苫田ダムデザインワーキングメンバーとして、土工とトンネル坑口のデザイン検討を行った。

*11　高楊裕幸（一九六一〜）土木エンジニア。大日本コンサルタント勤務。同ワーキングメンバーとして、橋梁群のデザイン検討を行った。主な仕事に「南本牧大橋」「新豊橋」など。

の通行を優先する場合には柱を開くという二通りのパターンを採用している。この高架のデザインが片づいて大分間があいて、篠原、内藤、小野寺[*12]、南雲がコラボレーションする駅舎と駅広のプランニング、デザインの仕事となるのである。その竣工には後味が悪いものが残った。最後の一年になって駅広を担当する高知市が金がないと言い出し、金がなくともデザインはやれるのだからと説得しても、なしのつぶてとなりデザイン監理ができなかったのである。その結果、舗装や照明柱のディテールはおろそかになり不満が残ったの

*12 小野寺康（一九六二〜）土木デザイナー。小野寺康都市設計事務所代表。主な仕事に「門司港レトロ地区環境整備」「油津堀川運河」「日向市駅周辺整備」など。

苫田ダムの管理庁舎。苫田ダムプロジェクトの最後を飾る「点睛」となった。内藤のダムの仕事の第一号。

土讃線高知高架橋。高架下の使い方に合わせて、二つのパターンの柱とすることができる。内藤が褒めてくれたデザイン。高架橋の中で一番じゃないかと。

である。その最悪の例はベンチで、小野寺がここにベンチをと線を引いたところに台座のごとき自然石がドテッと置かれているのである。我々はカツオや、よさこい節ではないがクジラを抽象化した愛嬌のあるベンチを考えていたのである。南雲にいたってはこれらの不満が怒りになっていて、以来高知には足を踏み入れない。なお、旭川のまちづくり、連立の起工式は内藤、篠原が日向入りする前の同年、平成一〇（一九九八）年七月のことであった。

以上の苫田、日向、高知以外にも鳥羽の城下町のまちづくり、倉敷の連立、新幹線がらみの富山駅のプロポーザルなどもこの時期の同時並行のプロジェクトである。しかし書き始めるときりがないので、名を挙げるにとどめたい。

五章　招聘

研究室の体制

ここで話を平成七（一九九五）年から九年ころの時点に戻す。平成五年に発足した景観研をどうするかという話である。この節は大学のことには興味がない人にはまだるっこしい話にはなる。しかし、新しい学問と教育、研究室をどうするかという話は、新しい分野を切り拓こうという人間にはもちろんのこと、今後の景観研究、土木のデザインを考える若者には参考になるはずだと考える。そしてこの模索の中から内藤の招聘という結果が生まれてくるのである。しばらくお付き合い願いたい。

篠原が教授に昇進したのが平成三（一九九一）年の六月、研究室が発足したのが平成五年の四月だった。先にも述べたように当初のスタッフは篠原とA（助教授）の二人であった。研究室としての一応の体制は整った。しかし研究室発足となって篠原は悩み始める。篠原の意識では、教授のポストに座るべきは中村良夫（五年先輩）なのであった。なぜなら中村こそが鈴木忠義が始めた景観工学の一番弟子なのであり、研究においてもデザインにおいても豊富な実績を積んでいたのだから。特に昭和五〇年代に始まった広島の太田川の護岸設計は、中村が東工大の研究室[*1]の総力を挙げて取り組んだプロジェクトだった。戦後初の本格的な土木のデザインである。土木のデザインが一般化するのは平成に入ってからになるから、極めて先駆的な仕事だった。建築の教授芦原はいち早くこのデザインを絶賛している。

＊1　東京工業大学社会工学科中村良夫研究室
仮想行動論やディスプレイ論などの独自の景観研究を展開するとともに、「広島太田川環境護岸整備」など、土木デザインの実践にも取り組んだ。北村眞一、岡田一天、小野寺康、斎藤潮など、その後の土木景観デザインを担う研究者、デザイナーを多数輩出した。

篠原は、中村、村田隆裕、樋口忠彦[*2]と続く弟子の序列では最年少である。そして恩師鈴木の直接の教えを受けたことのない、番外の弟子なのである。ドクターは持っていたとはいえ、この時点では『土木景観計画』（技報堂出版、一九八二）という地味な本を書いたぐらいの実績しかなかった（これはいまだに絶版にはなっていない。篠原の誇ってよいことの一つではある）。松戸の森の橋・広場の橋（平成元年度土木学会田中賞）を皮切りに、ようやくデザイン活動を本格化し始めた時期だった。中村はすでに、鈴木の跡を継いで昭

*2　樋口忠彦（一九四四〜）景観研究者、新潟大学名誉教授。京都大学教授、広島工業大学教授などを歴任。主な著書に『景観の構造』『日本の景観』など。

太田川の護岸のデザイン。中村が指揮をとり、中村研の学生、北村眞一、岡田一天、斎藤潮、小野寺康らが参加した。建築の芦原義信が絶賛した。戦後初の本格的な土木のデザイン。

和五七（一九八二）年に東工大社工[*3]の教授になっていた。

ここで、この中村の助教授から教授昇進についてのエピソードを紹介しておきたい。鈴木は大学の教師としてのいくつかの持論を持っていた。その一つが「茶坊主はダメ」「ピカソを超える者はピカソではない」という信条である（先にも紹介したがより詳しくは篠原『ピカソを超える者は』を参照）。

人間というものは、大学の教師とて同様だが、部下に自分以上の人間がいると煙たいものだ。だから部下には自分の持つテーマのある部分を切り分けて研究課題として与え、局所的に研究の深化を図ろうとする。間違っても自分以上の幅と広がりを持つ人物にしようとは考えない。自分より大物になられては困るのだ。これを繰り返していけば学問は次第に細分化していき、論文は量産できるがスケールの大きな研究は生まれ難くなってしまう。上の言うことをよく聴き、恩師を超えない論文を書く弟子を称して鈴木は茶坊主と言うのである。「ピカソを超える者はピカソではない」もほぼこれに同じ。ピカソにならってピカソのように描いていてはピカソ以上にはなれない、ということである。鈴木は「芸術と学問はオリジナリティだ」と繰り返し言う。何よりも人のやっていない新しいことを、これが鈴木の信条だった。

中村は茶坊主ではなく、ピカソ、いや鈴木ではなかった。創始者は鈴木であったとはい

＊3　東京工業大学社会工学科（一九六六〜）従来からの建築や土木といった枠を脱して、より総合的に都市問題に取り組むべく、建築、土木、経済、社会学等の教員により設立された学科。

え、中村は先頭に立って景観工学の分野を切り拓いていた。鈴木は中村が学問で自分を超えたことを認めた。昭和五七（一九八二）年、鈴木は定年まで二年を残して東工大をさっさと辞めたのである。中村を後継ぎに指名して。見事な引き際ではないか。これはいささか鈴木を褒めすぎかもしれない。実はタイミングよく、その時に東京農大の造園から来てくれないかという要請があったのである。そうはいっても普通の人間はここまで踏み切れない。東工大の名は世に通っているから、そのポストにしがみつく人間も多いのである。そして俗なことではあるが、定年前に辞めると退職金が減額されるのだ。自己都合という理由で。しかし、その農大からの要請は鈴木の信条に合致していた。鈴木は我々教え子に常々こう言っていた。「大学の先生は芸者だからな」と。芸者はお座敷がかからなければ、出ていかない。座敷に押しかける芸者はいない。そういう商売である。鈴木に言わせれば先生も同じ。「呼ばれもしないのに、しゃしゃり出るんじゃないよ」というのである。鈴木は農大からお座敷がかかったのである。さて、今回の東日本大震災ではどうか、誰がちゃんとした芸者なのかと鈴木なら言うだろう。

土木の景観グループはこういう人物に育てられているから、自分の跡に誰を持ってくるかを真剣に考えざるをえない。つまり自分を超える可能性を持つ人物を持ってこなければならない。研究室発足の時点で篠原の専門は、景観研究と始めたばかりのデザイン実践の二本柱だった。そのどちらを第一の柱とするのかが問題である。そしてそれに対応して誰を後継者に持ってくるのか、それが第二の問題であった。その後継者は、篠原、四七という年齢からいってもう代替がきかない後継者なのである。めぐり合わせで東大土木の教授になったとはいえ、この問題には自身の身の振り方以上に真剣に向き合わざるをえない。何せ東大土木は、鈴木に言わせれば本家なのである。東大が何か新しいことをやり出せば、その影響力は他大学に対してかなりのものなのである。これは、それまでにも篠原は何となく分かっていた。荷は重い。なんでこんな役回りを引き受けねばならないのか、何の因縁で大学の、それも東大の土木の教授になってしまったのか。森林風致の先生で、その前で言えば民間のプランナーで気楽に、楽しくやっているはずであったのだが。篠原はこうぼやきたかった。しかし、「ぼやいて」いても何の解決にもならないことは分かっていた。今までのように自分を突き放して見ていこう、他人事のように、冷静に考えていこう。

助教授のAはいずれ東工大に戻さねばならない。Aは中村がホープと考える弟子であり、東工大の出身なのである。それは最初から分かっていた。その後に誰を持ってくるか、それが問題であった。篠原の後輩は年齢順にF、G、Cとなる。FとGは中村の教え子で、篠原の三年、六年後輩である。この二人は後継者としては年齢が近すぎて問題にならない。

Cは実質、篠原の弟子で一〇年下。年齢差はぎりぎりである。大学では六〇才定年とすると一五才程度の差がよいのだといわれている。定年時に後継ぎが四五才となり教授の年齢となるからである。平成八（一九九六）年、Aを東工大に戻した後に篠原はCを呼び戻した。篠原がまだ農学部にいたころ、修論の面倒を見たのがCだった。修論のテーマは長期の時間の経過の中で景観がどう変化していくかを扱うもので、誰もが手をつけていない新しいテーマだった（このような現象の景観を「変遷景観」と命名した）。具体的にはデータの豊富な銀座通りを分析の対象とした。いい論文になった、篠原はそう評価した。以来一六年の時間が過ぎていた。従来からの景観研究を研究室の第一の柱に据えるのならCが後継者となる。しかし、彼は言動といい思考パターンといい篠原にあまりに近かった。大局的な判断は間違わないプランナータイプなのである。篠原と同じタイプ。これではピカソを超える者はの原則に反することになる。これが篠原の悩みの種だった。また篠原の悪いところは自分ができそうな分野（例えばプランニング）においては、いくら能力があってもあまり評価しないことだった。つまり、自分と似たタイプの人間についての評価が不当に低いのである。今になって考えれば割りを食ったのはCだった。篠原の偏った人物評価と鈴木以来の景観グループの薫陶がなければ、こんなに深刻な悩みにはならなかったかもしれない。他の研究室や他大学では自分の跡を継ぐ人は同じような人間を選ぶのが普通の後継者選びの方法だったのだから。恩師の引いたレールを歩めばそれでよいのだ。篠原は六〇才定年までに一〇年を切っているのである。なるべくならそのままあとを継げる人物が好ましい。篠原が土木に戻ってからの教え子は一期生がD、H、Iの三人、二期生がJとKの二人、三期生がEとLの二人だった。平成一〇年（一九九八）年四月の段階でそれぞれは学部卒業後七年から五年というキャリアである。「まず一期生から考えるか」、それが穏当な判断であろう。Dは修士修了後アプルに勤め、その後東工大に戻ったAにひっ張られて東工大の職員から助手になっていた。アプルに行ったのはアプルの共同経営者である大野秀敏に、つまり都市の中野にではなく建築に魅力を感じていったのだと本人は言う。Hは修士修了後建設省に入り、北海道開発局で丸二年勤めるかどうかの時点で東北大の助手になっていた。港湾技術研究所から東北大にいった交通、物流を専門とする稲村肇[*4]教授から、景観の人間を出してくれないかと篠原に申し入れがあってHを頼んだのである。稲村教授は東工大の土木出身。鈴木の直接の弟子ではないが、鈴木が東大の生研からスカウトして東工大に呼んだ中村英夫[*5]（測量、国土計画。前・東京都市大学長）の教え子なのである。そしてその後東大に移っていた中村が農学部から土木に来た篠原を引き受け、篠原は中村の測量研の居候として景観研発足までやっかいになっていたのだ。こう書いてみると、あらためて世は人のつながりだなと思う。第三のIは学生時代は橋梁研、Dとともに大学院ではもっぱらお隣の建築で設計演習に勤しみ、修了後は建築の設計事務所に就職していた。Dも建築をやりたかったのだが、Iはそれ以上でアプルの都市、建築二本立てとは違う純粋建築事務所に就職したのだった。

平成五年の景観研究室設立以降一九九〇年代の学生の就職は、少なくとも景観の分野では様変わりしていた。篠原が大学を出た一九七〇年代の土木の就職は役人になっておけば

＊4　稲村肇（一九四五〜）
東北大学教授などを経て、現・東北工業大学教授。専門は交通経済、運輸交通政策、経済環境分析など。

＊5　中村英夫（一九三五〜）
東京大学名誉教授。前・東京都市大学学長。専門は、測量、交通、国土計画など。第八二代土木学会会長。

間違いはない、あるいは偉くなれるという考えで建設省、運輸省（ともに現在は国土交通省）に、あるいは道路公団や国鉄に行く人間が多かった。でなければ一流企業へというわけで鹿島、清水、大成や大林などのゼネコンに就職していたのである。これがやりたいから、どこどこへ行くではなかったのである。お隣の建築でも当時からこの傾向は強くなっていて、大手のゼネコンや組織事務所へ就職する学生が多くなっていた。「建築がやりたくて建築に来たんじゃないのか」と建築の先生は嘆いていた。端から見ていた篠原は、そうは言っても有名になれるのはごく一部で、安全志向に流れるのも分かるよなと考えていたものだ。「土木の学生も変わってきた」、やりたいことがあって就職先を選んでいるのである。DとIは小さなアトリエ事務所に、Eも当時意欲的なデザインを展開していたhに惹かれ社会的には無名のアジア航測というコンサルタントへ。そして清水へ行ったLも一流企業の清水へ行ったわけではなく、デザインができる環境のあるゼネコン清水に入ったのであった。土木の世界も、まだ景観の分野に限定されてはいたが変わり始めていた。歓迎すべき変化であった。

　さて、誰を戻すか。東北大に行ったばかりのHを戻すことはありえない。まだ何年もたっていない。稲村との間の仁義に反するからだ。純粋に建築でやろうとしているIを戻すのも無理だろう。篠原のところは土木なのだから。研究室でデザインをやることが常識になっている現在なら、Iは戻ることに抵抗はないかもしれない。しかしこの時点では、景観研はまだまだ土木だけの分野だという意識を抜けきれなかった。なおIは今、建築と土木デザインの両刀遣いである。

残る選択肢はDだった。断っておくが、書いてきたような順番で絞っていったわけではない。三者を同時並行で考えていた。景観設計IIとして実施していた設計演習でもDのデザインは優れていた。課題は本郷と弥生（農学部）の間の通称ドーバー海峡、言問通りを跨ぐ歩道橋の設計でDの作品は洒落ていた。篠原の手元にはそのスライドが残っている。ただしDの修論の出来はいま一つだった。エージングをテーマにしたそれは大いに意欲的なものだったが、結論にユニークさは認められなかった。むしろEの卒論、修論のほうが優れていた。デザインのセンスもよかった。ここで、選ぶなら年齢順を優先してというi教授の助言が頭に浮かんだ。篠原もそう考えていたはずである。論文の打ち合わせやゼミにおける言動から、Dがよく本を読む男であることはわかった。デザインの分野で伸びていくためには基礎的な教養がものをいう。ただデザインがうまいというだけではダメなのである。その点ではDは合格だった。デザインは建築の大学院で学び、アプルで修業したから一応プロの訓練は受けてきているはずである。まだまだキャリア不足の感は拭えないものの。そして、これは後で知ることになるのだが、Dはクラッシック音楽に詳しくピアノも弾けるのである。その時点では強く意識したわけではないが、今になって頭を整理するとDは鈴木の「ピカソを超える者は」の条件を満たしていた。篠原にはない専門的なデザイン教育と音楽の素養という点で。

いよいよDを助手で呼び戻そうかという時点で、篠原は当時のボス教授の一人であったa教授に相談した。一九九七年八月一九日とメモに残る。「後継者にならぬ講師」。助手を飛び越して採用しろという意味である。助手ではまだ確定したポストとは受け取られない。呼び戻す時点で明確に後継者であることを内外に明示せよというコメントなのだ。翌八月二〇日、篠原はD、Hとともに北上川に出張していた。当時この教え子二人と北上分流堰

北上分流堰の改修プロジェクト。篠原が教え子であるD、Hと一緒にやった初めての仕事。岡田一天がパートナーだった。このプロジェクトでは戦前の内務省のエンジニアがいかに責任感が強く、かつ優秀であったかを知った。設計は京大出の技師、並川熊次郎である。

の仕事をやっていたのである。その日のメモにはこうある。「D：進歩したね」。何を根拠にこうメモしたのかは今となっては不明だが、おそらく分流堰のプランとデザインをめぐっての議論を通じての感想だったのだろう。同じ八月二八日には景観デザイン研究会[*6]の総会があり、内藤が講演をしている。メモには、中村バツ、↓内藤廣ｇｏｏｄ。おそらく中村良夫に頼んだのだが、都合がつかず内藤に頼んでその講演が素晴らしかったことをメモしたのだろう。

篠原の気持は徐々に一方に傾きつつあった。つまり景観研究ではなくデザインの方向へである。翌平成一〇（一九九八）年一月には教室教授会（人事の決定会議。教授のみで構成）にDの件を申し入れ、了解をとっている。これで一〇年度からの設計演習の体制が固まったのである。設計演習こそはデザインを修業させる要の課目である。だから建築では月曜から金曜の午後の時間のほとんどが設計演習に充てられているのだ。講義が知識習得型であるのに対し、設計演習では自らの頭で形をまとめ上げねばならない。アイデアで勝負する創造型なのである。この設計演習こそが建築の積極性を育てている秘訣なのだ。篠原の学生時代の土木にも設計演習はあった。しかしその実態は与えられた形式の橋、それはトラスだった、を構造的に成立させるための計算に終始し、橋の形を考えるものではなかった。これでは設計演習ではなく計算演習である。クリエイティビティゼロである。

篠原は昭和の終わりからデザイン活動を始めたとはいうものの、本格的なトレーニング

＊6　景観デザイン研究会（一九九三～二〇〇五）
土木における景観デザインの活動体として、個人会員および法人会員によって設立。研究部会による四十二冊の研究レポート、『景観用語辞典』、作品集である『景観デザインレポートⅠ、Ⅱ』の発刊や、各種展覧会の開催など、多様な成果を残し二〇〇五に解散。

を受けてはいないからデザインに関しては素人である。それは本人がよく自覚していた。呼び戻すDに、強力な助っ人として内藤を加え設計演習に本腰を入れようと決めたのだった。この方針に従い、設計演習の景観設計IIは内藤、Dの二人に任せることとなる。篠原は一切その中身には口出ししなかった。

ただし、このころの篠原は持ち込まれるデザインの仕事のことごとくを引き受けていた。

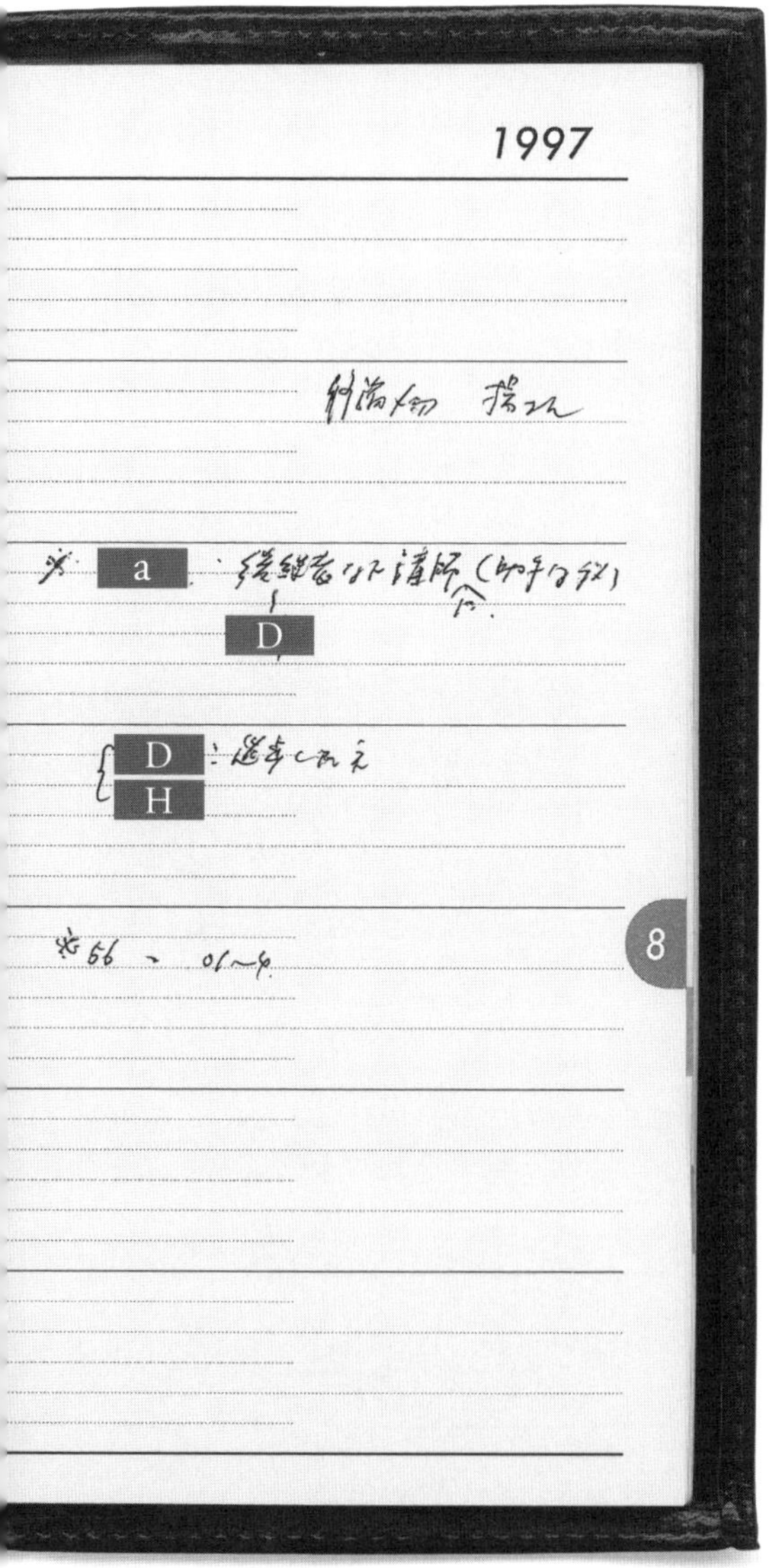

昭和末からの橋に加え、平成三（一九九一）年からは津和野川、翌四年からは苫田ダムの仕事が始まっていた。土木でも橋は戦前からデザインの対象と考えられていたが、川やダムはデザインの対象外だった。そして橋においても高架橋は対象外だった。先輩のＪＲ東日本の山本卓郎[*7]に頼まれて、長野オリンピックに合わせた長野新幹線の開業に伴う中央線の東京駅高架橋も同時に手がけていた。この丸の内に出現する高架は後で叩かれることを覚悟していた。ヨーロッパの都市では高架橋を都市内につくることは論外のことであったから。なぜだかわかりますか。都市景観を壊すから。その何でもやるという方針は篠原に続くはずの後進のためでもあった。相互に連絡の薄い道路、河川、ダム、鉄道にわたって篠原のデザインの戦線は拡大しつつあった。

なぜに、ダボハゼのごとくに何にでも食いついたのか。篠原はこう考えていたのである。第一に土木の人間にもデザインはできる、それを世に示すため。第二に橋梁以外にもすべての土木構造物、土木施設がデザインの対象たりえること、それを実証することである。デザイン教育を受けていないがゆえの失敗は初期の篠原の手がけたものには多い。第一作の松戸の広場の橋は幸運にも土木学会田中賞をもらったのだが、照明と高欄はひどいものだった。それなりのプロがやるのだから間違いはないだろうと思い込んでいたのである。とんでもない間違いだった。そして、この構造のほうが合理的でコストも安いという橋梁のプロ、田島の意見を鵜呑みにして採用した疑似アーチも失敗だった。要求される強度の

＊7　山本卓郎（一九四一〜）
日本国有鉄道入社後、東日本旅客鉄道などを経て、現・鉄建建設特別顧問。第九九代土木学会会長。

違いにより桁とピアのコンクリートの色が違い、また、温度変化によりピアと桁の隙間が明瞭に見えてしまうのである。二作目の明和橋はもっと悲惨だった。強いスキュウの橋（川に斜めに架かる橋）であるのに、下路のタイドアーチ[*8]を採用するという失敗を犯したのである。この形式を採用するとタイドアーチが歪んで見えてしまうのだ。一緒にやったコンサルタントのデザイナーがプロであるから大丈夫だと信じてしまったのが失敗のもとであった。三橋目の大杉橋も失敗であると言わざるをえない。この橋はデザイナー大野美代子、

＊8　タイドアーチ橋
アーチの両端をタイ材で結んだ橋梁型式。アーチの水平半力をタイによって引張力として部材内に取り込む。

中央線東京駅高架橋。叩かれることを覚悟でやった仕事。JR東日本には次の三段階で抵抗した。第一に、長野新幹線は上野止まりではダメなのか。第二に、地下で東京駅に入れることはできないのか。第三に、高架をビル化して数寄屋橋ショッピングセンターのようにできないのか。すべてがNoであった。仕方がない、僕がやるしかない。そう考えた。下手な人間がやるとひどいことにはなるだろうと恐れたのである。JRの構造部隊はボスの石橋忠良をはじめとして極めて優秀だった。見るたびに当時のアンビバレンツな気分を思い出す仕事であった。

松戸の広場の橋。失敗だった疑似アーチとひどい高欄、照明柱。

明和橋。横から見ると、まあまあだが、橋軸方向から見ると橋が歪んで見える。型式選定からして間違っていたのである。

橋梁の専門家である東工大のｆと組んだデザインである。斜張橋[*9]にすることは江戸川区長の要請で決まっていた（今ならこんな短い橋を斜張橋にするという要請は拒否するだろう）。短い橋なのでタワーは橋軸直角方向に二本立てれば十分である。二面張りの斜張橋となる。途中でｆがタワー二本は構造上無駄だと言い出す。確かに一本でいけるのである。問題はその一本をどの位置に入れるかであった。二車線道路であるため、橋中央には立てられない。緊急時に車が転回できないからだ。左右の歩道幅を非対称にして、広い歩道側の歩車道境界にタワーを入れた。その結果、横から見ればタワー、ケーブル、桁はきれいに収まっている。大野の腕のよさである。しかし、橋軸方向に見ると橋は、当たり前だが非対称できれいには見えないのであった。何か不安定なのである。非対称は難しい。つくづくと感じた経験であった。あとになって考えてみれば、橋の専門家とはいっても構造の専門家なのであって、それを鵜呑みにしてはいけなかったのだ。構造的には合理的かもしれないが、それがよい形になるとは保証できない。四橋目の辰巳新橋に至って、ようやく篠原のデザインは安定感を見せ始める。

もう一人の恩師の死と人事

平成一〇（一九九八）年五月、八十島義之助が急逝した。享年七八才。篠原が学生時代に所属していた交通研の教授だった（専門が交通だったため、実質的な指導を受けたこと

＊9　斜張橋
塔の両側に張り出したケーブルによって桁を支える橋梁形式。長大橋で用いられることが比較的多いが、美観上の理由で支間の短い橋梁に採用されることもある。

辰巳新橋。シンプルさと見る方向によって姿が異なって見えることを狙ってデザインした。きれいに仕上がった。製作、施工を担当した宮地鉄工所のエンジニアのお陰である。コンサルタントには図面に落とせないと言われたのだが、宮地鉄工所は製作できると言ってくれたのである。アーチリブは直角なしの全溶接、断面も三次元で変化する難しい製作。

大杉橋。これも横から見る限りでは美しい。しかし橋軸方向から見ると、いかにもアンバランスである。

はなかったが）。ただ八十島の存在は大きかったのだ。農学部演習林[*10]の助手だった鈴木忠義を土木に呼び戻したのは八十島であり、交通研の中で交通とは直接関係のない景観研究を容認したのも八十島であった（普通の先生にはできませんよ）。鈴木が景観の生みの親であるとするなら、八十島は育ての親なのである。常に何かと衝突の多い（それは新しい分野の宿命である）鈴木の学科内での擁護者が八十島なのだった。鈴木は川向こう向島の鉄工場の息子、一方の八十島は宇和島藩の家老の血筋をひく山の手のお坊ちゃん、上流階級の出。職人気質と英国ふうの紳士、いいコンビだった。八十島は自身の専門である交通、鉄道より景観のほうが面白いと思っていた節がある。交通研の景観の助手、中村良夫をかわいがっていた。五月一二日、通夜。一六日告別式。鈴木が泣くのを篠原は初めてみた。鈴木はそれほど八十島を頼りにしていたのだろう。「兄貴だったんだよ」鈴木はそう言った。八十島とは五才違いである。八十島の東大定年退官を期して「計画・交通研究会[*11]」が設立された。その時折の会で、以下のようなやりとりがよくあったことを篠原はいまだによく記憶している。鈴木が世の常識に楯突くような、それは正論であることが多かったのだが、発言をすると、「そう言うけどね～忠さん」と大人の八十島がまぜっかえすのであった。八十島については篠原にもさまざまな思いがあるが、それは先に述べた『ピカソを超える者は』に紹介してある。八十島の菩提寺は広尾にあり、篠原は中村と連れだって時には鈴木も交えて墓参に行く。

＊10　東京大学農学部演習林研究部
当時東京大学の演習林は、富良野、千葉、秩父、瀬戸などの演習林と本郷キャンパス内の研究部で構成されていた。鈴木が助手をしていたのは本郷の研究部であった

＊11　計画・交通研究会（一九八〇～）
計画、交通、運輸などの資料の蓄積および活用による交通分野の研究の発展に寄与することを目的として設立。初代会長は八十島義之助。

この年には親しかった大橋猛も喪《うしな》っている。六月二一日だった。大橋は北大土木出身、開発局の人間でこよなく北海道を愛していた。熱血漢でもあった。篠原とは小樽開発建設部時代に知り合い、函館開発建設部時代に奥尻島の津波後の復興事業で体調を崩し、長らく療養中だったのである。もうこれまでか、という時期に大橋の要請でシュウパロ湖に行き、語り合ったことはいまだに忘れられない想い出である。この時は葬儀に行けず後年仏壇に線香をあげるにとどまった。土木にも国家の官僚という意識ではなく、地域を愛し、その地域（北海道）の振興に身をささげるというタイプの人物が今の世にもいたのである。明治、昭和戦前時代のごとくに。情熱の対象は鉄道、橋などの施設、構造物に限られるものではない。地域や都市もその対象となりうるのである。振り返って身の周りを見てみると、篠原の前後の東大卒の土木にはこのタイプのエンジニアがいたであろうか。

この年、平成一〇年が暗い話ばかりであったかというとそうではなかった。前年の山梨大、日大に続き、今度は熊本大から誰か寄こさないかという話が舞い込んだ。橋梁の小林一郎[*12]教授からだった。小林はフランス派でフランスの石造アーチに詳しく、石橋めぐりのエッセイも書いていた。偶然かもしれぬが、いや当然というべきか、フランス留学組には景観に好意的な研究者が多く、景観を志す人間はフランスに留学するのである。国土と都市の風土がもたらす影響であろう。中村もフランス留学組、篠原の教え子二期生のＪもフランス組である。景観ではないが河川の高橋裕[*13]教授もフランス留学組で、はるか昔の

＊12　小林一郎（一九五一〜）
熊本大学教授。専門は土木史、橋梁工学。主な著書に『風景の中の橋――フランス石橋紀行』『風景のとらえ方・つくり方』など。

＊13　高橋裕（一九二七〜）
東京大学名誉教授。専門は河川工学。主な著書に『河川工学』『川と国土の危機――水害と社会』など。

留学時代に、つまり昭和三〇年代にフランスのダムの現場で川のエンジニアに色彩についてあれこれと講義されたと、懐かしそうに篠原に語ったことがある。小林と篠原はそう親しい関係ではなかったのだが土木史の活動で縁があり、馬は合っていた。いつのことだったか熊本で学会があった時のことである。小林と篠原は向かい合って熊本名物の馬刺しを食べていた。二人きりの居酒屋だった。普通なら地元熊本での学会なのだから、同僚や部下、学生が一緒にいていいはずである。それが一人だった。ちょっと不思議に思ったが聞かずに済ませた。あとで、ああ、小林は学内で孤独なんだと考えた。当時、フランスの石橋や土木の歴史の話をしても熊大には通じる相手がいなかったのだろう。誰か人をというのはいい話だった。さっそくゼネコンにいた三期生のLに打診するが、「L、熊本行きことわる」とメモに残っている。一〇月であった。

いささか不満だった。篠原には一つの信条があって、それは以下の三つの条件を同時に満たしたいと考えるのは贅沢である、というものである。まず、やりたいこと。景観をやりたいのか否か。そして景観においても研究か実践か。次に居住地。大都市か地方都市か。大都市なら首都圏か関西圏か。第三に収入。これらの三項目に順位をつけて、どれを優先するのかを考えろと教え子には常日頃から言っていたのである。篠原は第一の景観を最優先にしてやってきたから、景観をやりたいならLは熊本に行くべきだと考えたのである、口には出さなかったが。しかしのちになって思いなおすとLはゼネコンでデザインを実践していて、東京の生活に満足していたのであろう。なにせLは麻布高校出身の東京っ子だった。また大手のゼネコンだったから収入もよかったのであろう。この話は四期生のMが引き受けた。Mは一期生のDの跡を追ってアプルに入りデザインの修業中だった。Mも東京っ子だったが熊本行きを快諾した。修論では京都周辺の葬祭地をテーマに、なかなかにユニークな論文を書いていた。デザイン実践よりも研究をやりたかったのであろう。以来Mは熊本大で現在に至る。沿岸の砲台の配置をテーマにした論文でドクターとなり、その論文で学会の論文奨励賞を受賞した。研究に向いているのである。教え子の中では最もオリジナリティが高いと思う。断ったLはその後東大に戻し、それから国交省の研究所に、また東大に、そして昨春法政に。結局、景観をやっている点では一貫していて、住処は首都圏を出なかったわけである。まあ、これも筋の通った生き方ではある。そのLが勤めていたゼネコンのデザイン部署も今はない。それは考えてみれば理の当然で、ゼネコンの本業は施工でありデザインはその付け足しにすぎない。デザインが自立してやっていけることよりも建設工事のほうを優先するから、デザインを営業の武器としか考えていない人間も社内には多いだろう。業績がよければデザインにも手を出すが、余力がなくなれば手を引くは当たり前である。だからデザインをやりたいのなら小さくとも設計事務所かコンサルタントへ行くべきなのである。本業ならいくら調子が悪くなっても、そこから撤退することはできないのだから。ランドスケープのデザインをやりたいと考えて、建築が本業の事務所に行くのも間違いだと考える。ここでもランドスケープ（外構）は付け足しなのだから。やはり小さくてもランドスケープを本業とするところに行くべきなのである。組織の行動原理とはそういうものである。これは篠原が修士を出て最初に入ったアーバンインダストリーで悟ったことでもある。アーバンは東急電鉄や日立製作所、日本合成ゴムなどの一流企業が出資した会社で、再開発、地域開発、リゾートに加え、住宅の製品開発をもやろうとする欲張った会社だった。篠原や同年代の社員はプロパーだったが、幹部や課長クラスは全員出向組だった（新しい会社だから当然ではあるが）。彼らは、いざという時には出向元の本社のほうを向くのである。業績を挙げて本社に凱旋したいのである。まあ、人間だから当然ではある。プロパーでなくてはダメだ、本業でなくてはダメだと身にしみてわかった。それはいい経験だった。逃げ道があるのはダメなのである。

打診

「内藤さんに切り出したのはいつでしたっけ」と聞くと、内藤は「確か飛行機の中だった」と言う。篠原にはその記憶がなかった。手帳を繰って確かめると、その飛行機は平成一一（一九九九）年一月二九日の高知からの帰りの便のことに違いない。この日は九時四五分のＪＡＳ便（今はＪＡＬになっている）で羽田を立ち、一三時三〇分から土讃線の懇談会。一五時三〇分に終了。その後車で内藤とともに五台山の牧野富太郎記念館へ行く。

まだ工事中だった。事務所の現場担当、神林哲也に案内され、説明をしてもらう。この日の内藤は上機嫌だった。順調に仕上がりつつある牧野に手応えを感じたのだろう。屋根を架ける前のキールと登り梁の構造形は青空をバックに本当にきれいだった。このままで完成ならよいのに、と思ったほどだが屋根を架けないわけにはいかない。牧野はすべて素晴らしかったが、不可解なのは庇下の柱だった。常には荷重を受け吹上時には引っ張りとなるその柱は、いかにも無愛想な丸の鋼管だった。何かもう少し色気を出すやりようがある

［上］牧野富太郎記念館。屋根の架かる前のキールと木の登り梁は見事な造形だった。
［下］しかし、何とも素っ気ない柱。

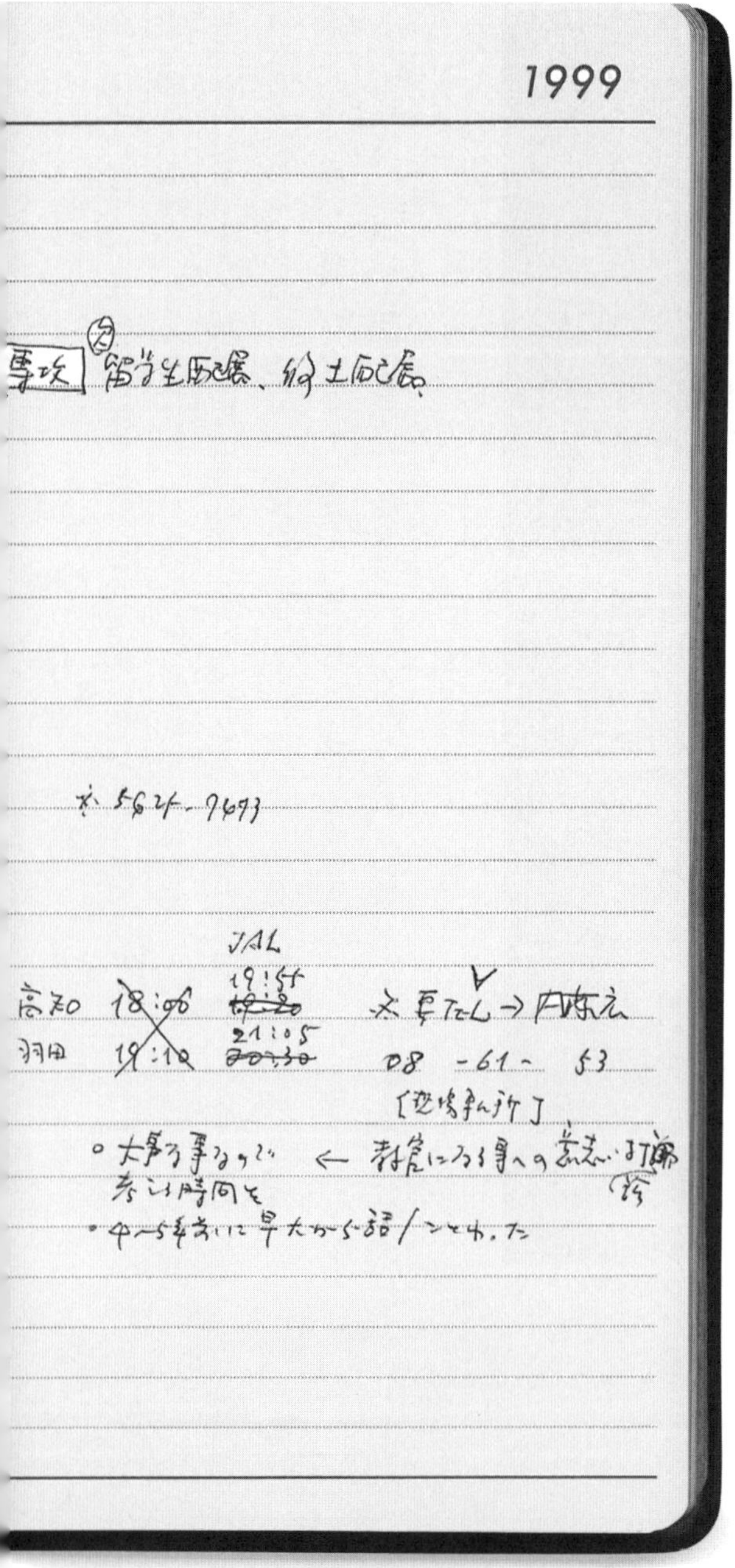
1999
専攻
JAL
高知 18:06 19:55
羽田 19:10 21:05
08 -61- 53

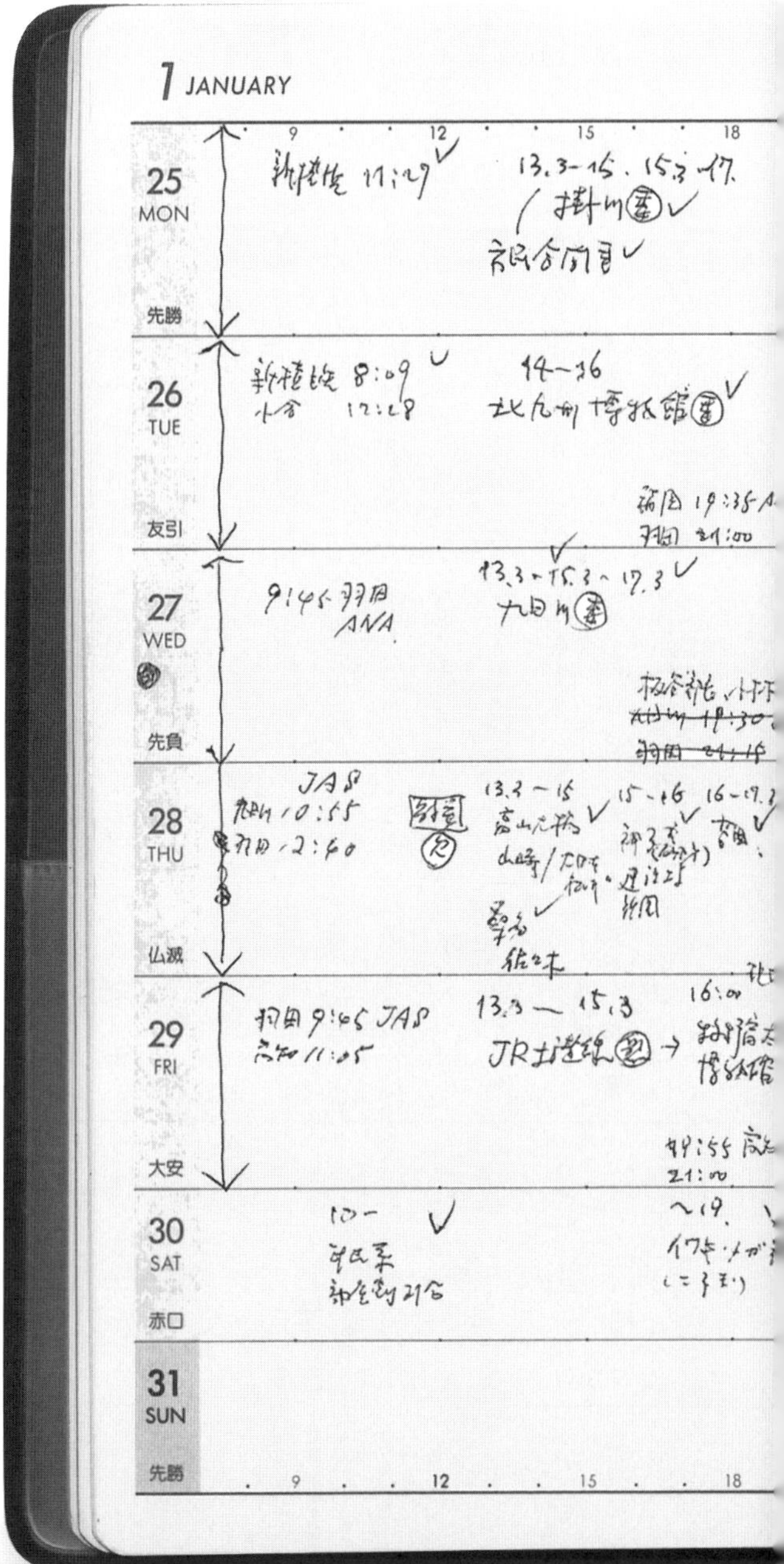
1 JANUARY
25 MON 先勝
26 TUE 友引
27 WED 先負
28 THU 仏滅
29 FRI 大安
30 SAT 赤口
31 SUN 先勝

のではと思ったのだが、内藤はそんなことにはこだわっていないのである。一九時五五分高知空港発、羽田行き。切り出しはこの機内のことだったのだ。

篠原の手帳には次のようなメモが記されている。「教官になることへ意志・打診」。教官とは、もちろん東大土木の教官である。内藤の答え、「大事なことなので考える時間を」「四、五年前に早大から話、ことわった」。これが人事についての最初の会話であった。篠原のメモと内藤の記憶では以上なのだが、篠原の記憶に鮮明に残っている最初の会話の場面は違う情景である。時間は遡ること前年の平成一〇（一九九八）年の一二月三日。場所は浜町公園内の中央区の建物の廊下である。内藤も篠原もたばこを吸うので、廊下に出ていたのだった。窓から夕陽が射し込んでいて眩しかった。景観材料協議会の委員会で、作品の選定が当日の議題だった。座長は東大都市工教授の渡邉定夫。[*14] 皆、渡邉先生とは言わず、「定さん、定さん」と呼んでいた。都市工・都市設計講座の三代目である。初代は言わずとしれた丹下健三、二代目は大谷幸夫である。丹下は恐れ多くて親しみ難く、大谷は建築の良心の固まりのような人物で気楽に話ができる雰囲気ではない。渡辺はざっくばらんな性格で話しやすかったためだろう、皆が定さんと呼んでいたのは。この時のメモは手帳に残っていないから、最初の軽い打診だったのかもしれない。

確か、一週間ほどたって返事をもらった。これはよく憶えている。内藤は家に帰って（内藤が仕事のために早稲田の近くのマンションに住んでいて、週末にしか家に帰らない生活

＊14　渡邉定夫（一九三二〜）　都市計画家。東京大学名誉教授。主な仕事に「幕張ニュータウンの都市デザイン」「みなとみらい線デザイン指導」など。

を送っていたことは、この時点では知らなかった）、奥さんに相談したのだろう。奥さんの名は鏡子。漱石の奥さんと同じ名前である。大阪の下町の育ち、内藤に言わすと文系の浪速女である。内藤は時に冗談めかして「浪速女は怖いでっせ」と言う。建築家によくある、女房も建築という夫婦ではない。奥さんには『かくして建築家の相棒』と『悲しい色やねん』という著作があり、読めば文章に感性があることが分かる。その奥さんは内藤にこう言ったのだという。「あなた、それは面白いんじゃない」。内藤が機内で言ったように、それまでに大学からの誘いはいくつかあったのだろう。内藤は海の博物館でデビューしすでに有名になりつつあったのだから。しかし奥さんはこう言っていたのだ。「私は建築家、内藤と結婚したのであって、大学の先生の内藤と結婚した覚えはないよ」と。鏡子さんとはのちに話す機会もできるのだが、真に腹の座った、気っ風のいい人物である。たばこも吸うし、酒にも強い。相棒の内藤は飲めないのだが。

篠原は断わられた時にどうしようということは全く考えていなかった。これは後になって振り返ってみると不思議な心境ではある。おそらく平成八年の旭川以来の付き合いで、内藤は応えてくれるはずだと思い込んでいたのだろう。しかし冷静に内藤の立場になって考えてみれば、これは冒険であり、賭けである。何せ土木のことは知らないし、大学も違うのだから。そして設計事務所と大学の二足のわらじ。生活も大変になることは容易に想像がつく。内藤は誠実で真摯な人物である。篠原は内藤の建築をほとんど、この時点では見ていなかったにもかかわらず応じてくれると信じていた。言ってみれば内藤の建築に惹かれたのではなく、内藤の人柄に惹かれていたのである。内藤のデビュー作、海の博物館は日建設計の林昌二[*15]をして建築にも良心はあったのだ、と言わしめた作品である。ローコスト、時間の経過に耐える、飾りや遊びのない誠実な建築。それは篠原に言わせれば、もちろん、だいぶ後になって勉強して知ったことだが、我が国の近代建築のパイオニア、前川國男の精神を受け継ぐ正統のモダニズム建築なのである。

篠原は、建築学科が大学に有名建築家を呼ぶように、人寄せパンダとして内藤を呼んだのではない。学生にその精神を注入し、そのスキルを鍛えてもらうために内藤に来てもらいたかったのである。

了解取りつけ

二月の頭には内藤によい返事をもらったので、篠原は土木の教授巡りを始めた。人事を決める教室教授会でＯＫをもらうための根回しである。まずは計画系のトップであるc教授から。二月九日、何の問題もなくＯＫ。二月一五日、構造系のb教授、ＯＫ。翌一六日、構造系ボス教授のa、ＯＫ。計画系のj教授、ここで異論というほどではないが、「いいんですか、それで」という意見が出た。それは、次のような意見だった。「せっかく篠原さんがデザインの実績を積み上げてきて、土木の人間にもデザインができるということに

*15　林昌二（一九二八〜二〇一一）建築家。日建設計でチーフアーキテクトとして活躍。主な作品に「三愛ドリームセンター」「パレスサイドビル」「ポーラ五反田ビル」など。

なりつつあるのに、やっぱり建築家を呼ぶんですか、社会はそう評価しますよ」。確かにそういうふうに考える人間はいるだろう。篠原もそう思った。だが、この問題はそういうメンツの問題ではない。景観研の将来の問題であり、やや大袈裟に言えば土木の将来の問題なのである。篠原のメンツなど些細なことである。考えを変える気はなかった。

この土木の教授たちとの対話を通じて、先輩、後輩の教授ともに、東大の土木の教授は実に度量が広いとあらためて思った。それまで東大の土木は他大学出身者を教官にしたことはなかった。腰掛けで一時期置いておくことはあっても。内藤は早稲田卒で東大ではない。さらに、土木ではなく建築出身なのである。東大に限らず、土木が建築家を教官にした例はおそらく皆無だろう。なぜ、こういうことが可能だったのか。その時はそう深く考えなかったが、後で反芻してみると、これは教授たちの驚くべき大度量だったと思う。結局は信頼関係なのだ。篠原はそう考えざるをえなかった。信頼している篠原がいいと言うなら、それは正しいのだろう、そう判断したのであろう。なぜなら、土木の教授たちは内藤なる人物も、その建築についても何も知らなかったはずだから。

この年の三月は中村良夫の定年退官の年だった。三月四日、東工大の百年記念館で中村の最終講義が行われた。ただしそれは東工大の退官であって、大学を辞めたわけではなかった。これも異例のことだったのだが中村はその二年前から京大の土木の教授を併任していて、一年前から京大を本務にしていた。東工大の定年は六〇、京大の定年は六三才なのである。なぜ異例かといえば、もちろんお分かりのことと思うが、京大は東大のライバル校なのであってライバルから人材を招くなどということは普通ありえない話なのである。おそらく明治三〇（一八九七）年に京大を設立した時に、東大から人材を送り込んだ時以来ではなかろうか。これもメンツの話である。京大の教授連も偉い。景観を本格的にやるにはライバルの東大からでも構わない、そう決断したのだ。内藤とは違い、同じ土木ではあったが。その二日後、篠原はパリに旅立った。アール・エ・メディエ（フランス国立工芸院）の教授であるギレルム先生に呼ばれて、一か月ほどパリに滞在することになっていた。四回英語で講義をすればよいというありがたい話である。そしてこれが呼ばれた本当理由なのだが、教え子の二期生Jのドクター論文の審査に参加するためだった。Jは学生時代からのフランス派でフランス土木のエリート校、エコール・ナショナル・ポン・デ・ショセ（直訳すると「橋と道路大学校」）に留学していたのである。内藤の件に区切りをつけ、パリに一か月、篠原の気分は爽快だった。パリでは毎日散歩をした。そうだ、以前からの持論のように散歩ができる街がやっぱりいい街なのだ。セーヌの河畔、カルチェラタンの裏通り。『勝手にしやがれ』のジーン・セバークの墓も訪ねた。花が生けられていた。まだ忘れていないんだパリっ子はと思う。近くの墓にボーヴォワールがいた。東京に、いや日本のどの都市にこんなに快適に散歩できる街があるだろうか。街路を設計する土木の責任であり、沿道の建物を担当する建築の責任でもある。

年度が明けて平成一一年六月の一一日、篠原は中村の新本拠地である京都にいた。新阪急ホテルで中村と会うことになっていた。久し振りだった。内藤の件と研究室の将来についてアドバイスをもらおうと思ったのである。「研究室のコンセプトは明快なほうがよい」、中村はそう言った。「デザインでやる？ ＯＫ」「内藤氏、ＯＫ」。中村は明快であった。「デザインが実績になる、特殊ではない」とも言った。「電気や機械などの特許と同じではないか」。このアドバイスで一抹の不安があった篠原の気持ちもスッキリした。研究室は景

快適な散歩都市、パリ。内藤の件に一区切りをつけて、毎日が爽快だった。

観研究よりもデザイン第一でいこう。やはり先輩はありがたい。

そのさらに一か月後、七月六日、内藤と篠原は長崎湾の船上にいた。長崎県の仕事をやることになり、常盤出島の視察で長崎に行ったのである。天気は上々、風は爽やか。気分も上々だった。

益田のコンペ

同じ平成一一（一九九九）年の八月末、内藤着任まであと一年半。恒例のゼミ合宿で小布施に行く。有名になっていた小布施のまちづくりを見ておこうと思ったのだ。「そうだ、内藤のちひろ美術館はそんなに遠くではないはずだ」。まだ見ていない。小布施は長野市の北東近く、ちひろ美術館はやや離れた南西の松本に近い安曇野にある。安曇野ちひろ美術館はアルプスの山々を背景にスッキリと建っていた。山とセットになって眺められるように配慮して高さは低く抑えている。内藤はそう考えてデザインしたに違いない。地場材のカラマツでつくられた木造である。極めて開放的、明るい、伸びやか。ちひろの軽く、ほのぼのとした絵によくマッチしていた。コンクリートのごとき質量のある材料でやったら、ちひろの絵が負けて貧相になってしまったことだろう。内藤もそう考えたに違いない。内藤はめったに自慢話などはしない男だが、「僕のやった美術館、博物館はよく人が来るんですよ」とは言う。それは嘘ではない。ちひろ美術館はその後増築されている。公的な援助は一切ない民間の施設である。来館者が多くなければ増築などできようはずはない。ただ、敷地に隣接する川の処理はいただけなかった。「僕と一緒にやっていれば、もっと」と篠原は思った。旭川、日向と一緒にやってきた仲だから、すでにこういう思考パターンになっていたのである。

時間は飛んで、平成一二（二〇〇〇）年の一二月二七、二八日。篠原は益田にいた。島根県の西の端である。用件は島根県が益田につくる島根県芸術文化センターのコンペの第

安曇野ちひろ美術館。極めて開放的で伸びやか。北アルプスを背にした佇まい。

一回の会合だった。芸術文化センターは建築だから、本来篠原が審査員に加わるはずはないのだが、平成三年から長らく津和野町の津和野川の仕事をやっていたためであろう、県が気を使ったのだ。津和野川の事業主体は島根県だったから。芸文センターの敷地は工場の跡地であった。審査委員長は大高正人。[*16] 前川事務所で修業し、のちに自分の事務所を構えた人物である。建築家の中では土木に理解のある人だった。それが何に由来するのかは分からなかったが、当時は、おそらく横浜の「みなとみらい21」（MM21）を、委員長だった土木の八十島のもとでやっていた影響だろうと考えていた。のちに前川國男について勉強した結果、前川の影響かもしれない、そう思うようになった。前川は社会に対する責任感が強く、建築家の社会的責務を常に考えていた人物である。自腹を切って日本建築家協会（JIA）を設立し、協力者を募って協会のビルまで建てたのは前川である。そしてこれは有名な話だが、設計した日本相互銀行ビルが雨漏りした時、自腹を切って修繕したのも前川であった。オリンピックの、代々木の体育館が何遍雨漏りしても知らんぷりだった、後輩の丹下とのなんたる違いだろうか。前川にならってか、大高も責任感は強かった。ただ、いささか年だと見えて声はすでに弱々しかった。本人も「もう年だから」と何遍も言った。MM21の一環で桜木町駅からランドマークタワーにつながるペデ（これが本当は篠原のデザイン初仕事）を設計していたころ、大高が元気でいたころを知っている篠原は寂しかった。大高は福島県三春《みはる》町の出身で、この辺りも瀬戸内育ちの丹下などと違い、朴

*16 大高正人（一九二三～二〇一〇）建築家。都市計画家。前川國男建築設計事務所勤務後、大高建築設計事務所を設立。メタボリズムグループの一員としても活動した。主な作品に「多摩ニュータウン」「みなとみらい基本計画」など。

訥、まじめだった理由なのだろう。大高は故郷、三春を愛していて、何回も後を頼むと内藤に言っていたそうである。内藤の人柄に信頼を置いていたのだろう。大高が審査委員長を務めた益田に内藤がエントリーしたのも何かの縁だったのだろう。「後を」というのは内藤から聞いた話である。篠原は三春には一度だけ行ったことがある。有名なしだれ桜を見た。花の季節ではなかったが。ダムも見た。ひどいデザインのダムだった。バブル期の無駄遣いの典型のようなダムなのである。三春の城を模したのだという。どんな土木屋が

桜木町駅からランドマークタワーにつながるペデストリアンデッキ。人には言っていないが篠原の初めてのデザイン。大高はMM21のデザインを仕切っていた。このペデのデザインも大高事務所と協議をしながらのものだった。

何ともひどい、城を模した三春ダム。バブルのころのデザインを勘違いした化粧。

やったのか、こんな大高の故郷を冒涜するようなひどいデザインをするのは。大高が亡くなった今さらながらに、篠原はそう思う。

審査員は建築評論の長谷川堯[*17]ほか。島根県芸術文化センターは県がつくる二番目の施設だった。最初のものは県都、松江市の宍道湖の湖畔に建つ。なんの因縁か内藤がかって在籍した菊竹事務所の手になる。益田のセンターは美術館と音楽ホールが併設される大規模な施設となる予定だった。平成一三年三月二二日午後、審査会が始まった。これは、篠原にとって驚きの連続だった。事務方が応募してきた設計事務所の諸元をチェックし、得点順に並べた表が配られる。有資格の設計者の人数、過去の実績などが点数化されている。「え、これじゃあ土木と同じじゃあないか」。こういう評価では人数をたくさん抱える大手が得点を稼ぐに決まっているのだ。案の定、上から名の通った組織事務所が並んでいる。なんと内藤事務所は三八番目なのであった。

その当時は勉強不足で分かっていなかったのだが、建築と土木の違いは建築と土木だから違うのではなく、発注者が役所かそうでないかによって違うのである。例えば、役所の発注の場合、設計監理は原則として役所が行う。民間発注なら民間の会社には建築の専門家はいないのが普通だから、設計監理業務を設計者に発注する。役所には直轄時代の名残りがあって、インハウスエンジニアを抱えているからこうなるのである。建築の世界では民間発注が大半を占めるので、それが建築一般のやり方だと誤解されているのである。一

＊17　長谷川堯（一九三七～）
建築評論家、武蔵野美術大学名誉教授。主な著書に『神殿か獄舎か』『都市廻廊』『村野藤吾の建築　昭和・戦前』など。

島根県芸術文化センター。屋根だけではなく壁も石州瓦で覆われている。コンクリートの本体に瓦の鎧を着せたのだと内藤は言う。100年は軽く持つと豪語する。光の加減により石州瓦は微妙な色合いで変化する。夢の中にいるような不思議な建築。敷地は工場の跡地で、基礎の掘削をすると重金属が出てきて、大幅なコスト減を強いられた。内藤は県の担当者を東京に呼んで、スタッフとともに合宿し、コストを徹底的に洗い直してこの難局を乗り切った。（提供：内藤廣建築設計事務所）

方の土木ではそのほとんどが役所の発注だから、建前上、設計監理は発注されないのである。著作者財産権の所属も同様、建築においてすら有名建築家を例外にして役所の仕事では、役所にあるのである。

「これでは残るのは難しいな」、最終のプレゼンテーションに残れるのは四者から五者、よくて六者なのである。審査会場にいる人間は誰一人として、この四月から内藤が土木の篠原のところへ行くことになっているとは知らない。もちろん、篠原は何も言わない。ここで面白いことが起こった。誰が言い出したのかは忘れてしまったが、表のトップにある組織事務所は外したほうがよい、という意見が出たのである。理由はその事務所がかつて設計した県の建物が雨漏りして、維持・管理に苦労したことによる。県の職員に拒否反応があるというわけだ。議論の結果この意見は通って、事務方の機械的評価でトップだった事務所は除外となった。「へえ～」と篠原は思った。これは存外に柔軟な審査になりそうだ。最終の審査にはなるべく多様な案が残ったほうがよい。同じような案ばかりを残しても、それではコンペにならない。出された案を似たものでグルーピングし、そのグループで一番よさそうなものを、その代表として残す。皆賛成。その結果応募者のうち、槇文彦[*18]、内井昭蔵[*19]などの名のあるアトリエ事務所が残る。そしてさらに長谷川の発言。「大家ばかりではなく、若手も入れておいたほうがいいんじゃないか」、皆賛成。建築でいう若手とは五〇才ころまでをいうらしい。この時初めて知った。篠原は再び「へえ～五〇が若手か」

＊18　槇文彦（一九二八～）建築家。槇総合計画事務所主宰。主な作品に「ヒルサイドテラス」「風の丘葬斎場」など。主な著書に『見えがくれする都市』など。

＊19　内井昭蔵（一九三三～二〇〇二）建築家。主な作品に「世田谷美術館」「浦添市美術館」など。

と驚いた。業界が違うと常識が違うのである。こうやって、内藤は残ったのだった。表の三八番目が最終審査にビリで滑り込んだ。

明けて二三日、最終審査のプレゼンの日である。残った案のうちでは槇のプランがよいと篠原は思った。建築については素人だから内部空間の質や、ディテールのよし悪しは分からない。プランの収まりと動線のスムースさで評価しようと考えた。槇のプランは中庭を囲んで建物が配置されてエレガントだった。内井は青葉台の集合住宅をやっていたころとは違い、このころは「健康建築」を標榜していてプレゼンもその線に沿っていた。コンセプトはなるほどと共感するのだが、案には何の面白味も新鮮さもなかった。そして、いいプランだと思った槇の案はよく見ると設計密度が薄く、プレゼンも素っ気なかった。まるで勝つ気はないというかのように。「変だな」という疑問は後になって事情を知らされて納得する。槇は島根県の別件の建物を設計することになっていて、益田での勝ちは譲ることに決めていたらしい。

内藤のプレゼンは堂々たるものだった。極めて率直に自分の信念を述べた。審査員に媚びるような言説は一切なかった。これは後で内藤に聞いた話だが、最若手だから負けてもともとという気持ちだったのだという。結果は素材としての石州瓦をテーマにした内藤の勝ちとなった。一九連敗後の一勝だったという。島根（石見の国、石州）で石州瓦を持ち出すのは、当たり前と言えばあまりに当たり前である。芸がないなと思われても仕方がないだろう。デザインの世界では特にそうである。しかしそこが内藤の偉いところで、彼の視線は建築家の仲間内の受けを狙うのではなく、地元の住民の思いに向けられていたのである。

でき上がった内藤の芸文センターは不思議な建物である。海の博物館がよい、牧野が素晴らしい、というのとは違う次元なのだ。オレンジの石州瓦は天候によりオレンジにも鈍色にも、紫にも変化するのである。これは内藤にも予想できなかったことだったらしい。益田は田舎なので建築ジャーナリズムはあまり取り上げていないのであるが。いや建築に限ったことではない。マスコミはいつも東京中心なのである。

帰りの出雲空港一九時三五分のＪＡＳ便は審査員、応募者同乗だった。応募者の一人が「どうなったんです」と、しつこく尋ねてきたが、もちろん篠原は取り合わなかった。こういう同乗はまことに具合の悪いものである。内藤廣、東大着任八日前のことだった。

益田については後日談がある。その一つはコンペに勝った後、内藤が駅から芸文センターまでの道路のデザインを篠原にやらせろと県に申し入れたことである。自分がやる建築と道路のデザインをセットにしたいと考えたのだ。しかし、この申し入れは実現しなかった。同じ県の事業とはいえ、芸文センターは教育委員会マター、道路は本庁の土木部マターなので、端から連係を取ろうなどとは考えていないのである。その二は基礎の工事にかかってから発覚した。工場跡の土地だった敷地には大量の重金属が残っていたのだった。

その除去に金がかかり、建物の建設費には大幅のコスト削減が求められることとなる。ここからが内藤廣の面目躍如となる。内藤は県の担当者に招集をかけ、東京で合宿をやってコストを徹底的に洗い、実現にこぎつけるのである。内藤から聞いた後日談である。内藤という建築家の誠実さがうかがわれる話ではある。余分なことながらもうひと言つけ加えておく。この島根の芸文センターが竣工した時の内藤の感慨である。海の博物館以来内藤は「もの」を展示する建築を数多く手がけてきた。しかし音楽ホールは皆無だった。内藤はピアノの先生だった母親に連れられて幼いころから演奏会に親しんでいた。前川國男の神奈川県立音楽堂[*20]は、そのうちでも最も親しい建築の一つである。「ああ、これで俺も音楽堂を手がけることができたのだ」、やっと親孝行ができたという気持だったのではないだろうか。初演の日には母親を招待したはずである。

事前の挨拶と教授会

平成一三（二〇〇一）年の三月から年頭に時間を戻す。新年が明けて新しい手帳を使い始める時、篠原は新しい年に心すべき方針を書き込むことが習い性になっている。この年の手帳には次のようにある。

・トラブルは必ずあると心得る。
・AだからB、Cはダメとしない。AだけれどBもCもと、いう思考。

＊20　神奈川県立音楽堂
一九五四年竣工。前川國男設計。演奏した世界的な音楽家から「東洋一の響き」と評されるほど、優れた音響効果を持つホールを備えている。

いつも三日坊主に終わるのだが、このメモを解説しておこう。

二項目から。篠原の思考法には欠点があって、常々女房に怒られている。「あなたはすぐに決めつけるんだから」。これはこうだなと判断すると、後は切ってしまうのである。物事を単純化してしまう。Aがよいなと考えると、B、Cは切ってしまうのだ。物事や人にはいい点と悪い点がある。この観点からはAだけれどもBやCにもいいところはある、そういう懐の深さを持つべきだ。それを書きつけたわけである。また篠原はつまずくような、手戻りが生じるようなことを嫌う。もっとも誰しもがそうであろう。篠原はそれが人並み以上に嫌なのだ。それが第一項のような心境に変化したのが、この年であった。内藤と付き合い始めて三年半、内藤に影響されてこの心境になったのであった。内藤の建築の苦労話を聞き、クライアントとのやり取りを知ってみると、トラブルは日常茶飯事なのであった。「ああ、トラブルはあって当たり前か」、そう思うようになったのだ。このころから何かあっても平気というように気持ちが切り替わり始めた。

一月五日、学科の人事の委員会。学科では人事に関して三人の教授を指名し、業績などを評価する。b、i、jの三人。何も問題なし。九日、フランスのポン・デ・ショセのピコン先生を招待しての土木史のシンポジウム。土木学会の土木史と景観デザイン委員会の共催。一八時から懇親会。

翌日、建築のボス教授のk教授の部屋にうかがって内藤の件の話をする。学部の教授会

の前に話を通しておかなければ。何にも知らされていなかったでは失礼だし、反対されては堪らない。k教授は「え、ええ」とのけ反った。「本当ですか」。もちろん、冗談でこんなことを切り出すわけはない。k教授の本棚には本が、和洋を問わずびっしり。自分の書いた本もずらりと並んでいる。さすが歴史の先生ではある。こんな些細なことはよく憶えているものだ。翌日の一日、都市工に行く。誰がボスかよく分からないので、同じ景観

分野のl教授の部屋へ。こちらも吃驚《びっくり》したようだった。「えー、本当?」。驚かしただけで部屋を去った。一九日、日を改めて正式に挨拶。専攻長のm教授へ。この同じ日に、土木の専攻長の教授から工学部長のn教授へ報告。工学部長はのちに総長になった人物である。OK。つまらない人物だと、やれ博士号がないとか、ペーパーが足りないとか、杓子定規なことを言うのである。建築学会賞はドクター論文に相当すると説明。建築学会賞は年に一人~二、三人、ドクター論文は何十人、何百人だろうかだから、本当は学会賞のほうが偉いには決まっているのだが。

二月一五日、頼まれていた講演を延期してもらって、工学部の教授会に臨む。内藤の案件の投票である。ちょっとドキドキした。結果は六三—三—七。つまり賛成六三、反対三、白紙七であった。篠原が思っていたほどの反対票ではなかった。ドクターがない、ペーパーが少ないという理由で反対する人間は必ずいるから、もっと多いかと懸念していたのである。特に一回実験をやれば何本もペーパーが量産できる(失礼)化学ほかの実験系の先生の反対が怖い。この票数を見て、「ん」という人間がいるかもしれない。助教授人事に投票権のある東大工学部の助教授以上は七〇人あまりしかいないのかという疑問である。そんなことは、もちろんない。土木だけでも助教授、教授は二〇人以上はいる。学科はこの時点では二二あったから少なくとも四〇〇人以上はいるのである。決定は出席者の投票で決められ、欠席者はその決定に一任となっているのである。正直のところ、「ホッとした」。

内藤に切り出してからほぼ二年の道のりだった。

年度が変わって、四月二日。篠原は内藤とともににこやかに土木の教授の部屋を廻っていた。挨拶廻りである。

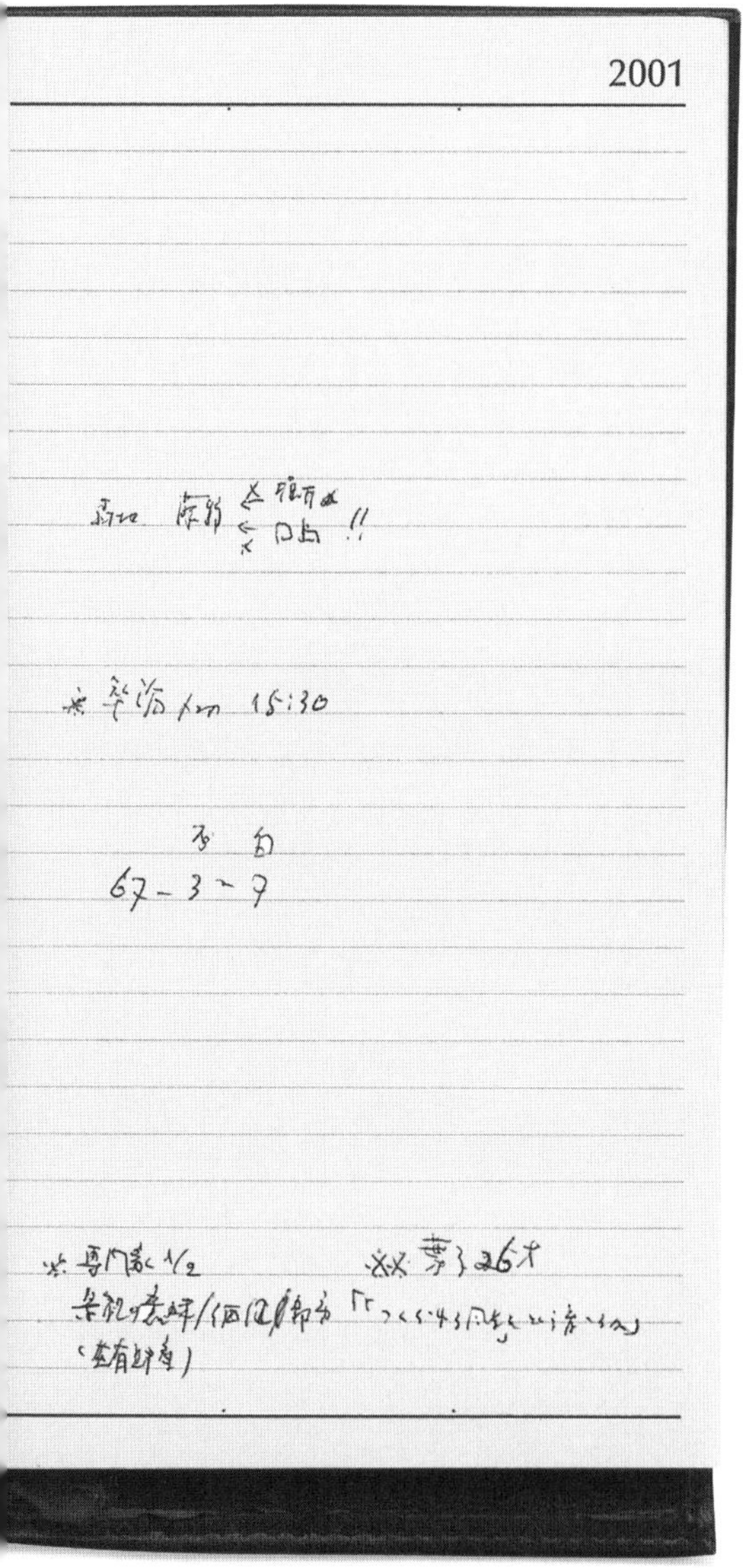

六章　内藤との赤い糸

偶然に恵まれて出会ったかのように見える内藤と篠原の関係も、糸を辿っていくと実はつながっていたという因縁噺が本章である。もちろん、論理的な話ではない。

中村良夫の生き方

平成一三（二〇〇一）年度という年度は、内藤が東大土木に助教授として着任した年であったが、中村良夫がこの年度を最後に京大を去る年でもあった。京大定年六三才。まだ社会的にリタイアする年ではない。当然、中村をどうするかが問題になる。恩師の鈴木はかつて篠原にこう言ったことがある。「中村君には俺の轍を踏ませるなよ」。篠原が東大土木に戻って言われたことだった。何で恩師の鈴木ではなく僕がやらなくてはいけないのか。中村は篠原の先輩なのである。何で後輩が面倒をみなければならないのか。しかしそれは本家に戻った人間の責務なのだろう、篠原はそう思うしかなかった。鈴木のコメントの意味は明快だった。鈴木は定年を二年残して東工大を辞め、農大に行った。それが失敗だったというのである。私立大学は教師が少なく学生が多い。卒論の面倒をみるだけでも大変である。ましてや自身の研究に時間をとることは難しい。鈴木は農大に行ってから思うようなことはできなかったのだ。こんなことを中村に繰り返させるな、才能のある人間（中村）に時間の無駄をさせるな、と言いたかったのである。この鈴木の言葉は中村が東工大での定年を迎える時に聞かされていた言葉である。この時は京大に行くことになって解決した。私大からの話もいくつかあったのだが。さて、今度はどうするかである。四月に篠原は中村の教え子で事務所をやっているNとOに打診をした。その事務所内に中村のオフィスを設けることができるかどうかである。Nは保留、Oは可だった。驚いたことに保留だったNは中村本人に相談することなく、その後、中村の机を置くスペースを用意していたのだった。これには中村も驚いたらしい。一方、中村と恩師を同じくするc教授も動いていた。役所に行った後輩や顔見知りの幹部を通じて財団にポストが用意できないかどうかを打診していた。この時期の中村と篠原の会話。中村「自然体でいきたい」「官僚に頼むことは自己矛盾となる」。正論である。鈴木は中村にこう言っていたという。「深入りするな」。深入りとは役所とつるむな、という意味であろう。役所に借りをつくれば言いたいことも言えなくなる。鈴木は反骨の人なのである。「財団、役所の顧問より、今なら株式会社を」とも言った。これは自立してやれ、責任をとるかたちで、というコメントであろう。ちなみに鈴木は世田谷区がつくった川場村のまちづくり株式会社の社長となっていた。一度も赤字を出したことがないのが、鈴木の自慢の一つなのである。

ただし、役所との関係では別の意見もある。c教授がそれで、それとこれは別の話で世話になったからといって言いたいことが言えないことはないよ、というのである。性格の違いであろう。最後に中村はこう言った。「内藤氏の件は尊敬している」。いいことをやったな、というねぎらいの言葉である。五月になってもこの折衝は続いた。c教授は粘り強くやっていたのである。役所からの答え。某財団はダメだが某センターならOK。中村「考えさせてほしい」。収入ももちろんだが、自宅以外にオフィスを持てることは大きい。打ち合わせに便利だし、何よりも精神衛生上よい。中村が迷ったのはもっともである。完全にリタイアした今、篠原はその気持ちがよくわかる。いや、リタイアした今もGSデザイン会議に机を持つ篠原よりも、自宅以外に何もない元サラリーマンなら痛いほどその気持ちはわかろう。六月に入って篠原と会っての中村の最終の結論はこうだった。「役人に借りをつくるのはよくない」。話はすぐに自分の後の京大の景観の人事に移った。誰を後任にするかという話に。中村が下した結論はc教授に報告し了承を得た。以来、中村は一介の中村として、「ただの中村何某」として今日に至るのである。まさか漱石の故事にならったわけでもないだろうが、真に潔い生き方であると思う。

背後にあった縁

篠原が内藤を招聘しようと決断したのも、内藤がそれに応えたのも、平成八（一九九六）年の旭川プロジェクトでの出会いからの仕事を通じての付き合いの結果である。互いに何か感ずるところがあったのだろう。しかし招聘後になって改めて考えてみると、内藤と篠原の間にはそれまでは見えなかった何かの縁でつながっていたのではと思うのである。因縁といっては言いすぎになるが。

内藤の生まれは昭和二五（一九五〇）年、篠原の五才下である。この五年という離れは重要な意味を持っている。篠原の大学卒業は昭和四三年、従って五級下の卒年は四八年となる。ちなみに東大の卒業生名簿を見れば、この年の名簿欄がガラガラであることに気づくだろう。それは昭和四四年入学者がいなかったからである。東大入試中止の年だった。もちろん、東大闘争のあおりを受けてのことであった。内藤は現役の時、東大を受験することができなかった。そして一浪し翌四五年受験するが失敗、早稲田の建築に入学することになる。内藤がもう一年早い生まれであったら、あるいはもう一年遅い生まれであったら、内藤は東大に入っていただろう。そして東大建築卒となっていたのではないか。

東大を入試中止に追い込んだのは、よく知られているように東大全共闘である。篠原はその東大全共闘の大学院組織である全闘連に属していた。下っ端の一兵卒にすぎなかったが。だから内藤が五級下だと知った時は、「ああ、そうか」と思った。この男は我々の闘争の被害者なんだと。もちろん、篠原は幹部ではなかったから、そう強く良心の呵責を感じる必要はない。しかし、ああ、とは思ったのである。内藤が恨みを抱いていたとしてもおかしくはない。だが長い付き合いでそんな話が出たことはなかった。篠原のほうは、安田講堂陥落後の昭和四四年秋の大学院入試粉砕闘争にも参加していた。これはあっけなく機動隊に蹴散らされた。全共闘にはもうパワーがなかったのである。篠原は一応の責任を取ろうと考えた。人の入試を妨害しておいて、自分だけは、のうのうと大学院を修了するのはおかしい思ったのである。けじめをつけるために一年留年することに決めた。

内藤も迷っていたらしい。早稲田に入ったとはいえ大学闘争の余波は続き、ろくに講義もなかったという。内藤は建築家の山口文象[*1]に相談したのだ。内藤の母親の実家が山口の家の隣であった。小さいころから「ヒロちゃん、ヒロちゃん」と可愛がってもらっていたのである。内藤は山口にもう一度東大を受けたい、と言ったのだろう。内藤は神奈川県の名門校、湘南高校の出身であり、東大に行くのは当然の途でもあった。この当時は今と違い、一浪は当たり前で二浪も珍しくなかったのである。父親も東大の航空学科卒のエンジニアである。山口はこう言ったという。「それは青春時代の時間の浪費だからやめたほうがよい」。山口は大学は出ていない。清水組（現・清水建設）の職人だった親の反対で職工学校に行かされたのだった。「早稲田には吉阪がいるよ」。山口は彼につけばそれでいい、と言いたかったのだ（結果から見れば、内藤は早稲田に行ってよかったのではないかと篠原は思う。東大に来ていれば、誰の弟子になっていたのだろう。建築の芦原か都市工の大谷か。どんな内藤になっているだろうか。こう想像してみるのも一興ではある）。

実はここにも縁はあったのだ。山口は逓信省[*2]時代、ドラフトマン（製図工）として働いていた。学歴がないのだからそうなる。そこに関東大震災が起こる。大正一二（一九二三）年九月一日のことである。二七日に帝都復興院が設立され、土木局長に鉄道から東大土木卒の太田圓三[*3]が抜擢される。戦後に東海道新幹線の産みの親となる、鉄道の同僚十河信二[*4]

＊1　山口文象（一九〇二～一九七八）
建築家。近代日本建築運動のリーダーであり、モダニズム建築を多く手がける一方、震災復興の橋梁やダムなど土木デザインにも多く携わった。土木の主な作品に「数寄屋橋」「日本電力黒部川第二発電所・小屋平ダム」など。

＊2　逓信省
大日本帝国憲法下において、郵便や逓信を管轄した中央官庁。当時逓信省営繕課は、郵便局、電話局などハイテク機器を収める施設を設計するため、吉田鉄郎、山田守など優れたデザイナーをそろえ、日本の建築界をリードする存在であった。

＊3　太田圓三（一八八一～一九二六）
関東大震災後復興局の土木部長として復興事業の指導にあたった。復興事業における区画整理、橋梁デザイン、高速鉄道網の整備など、帝都東京を世界に誇る近代都市として復興するため心血を注いだ。一九三〇年の復興事業の完成を前に自死。

の推薦だった。土木局長の太田の守備範囲は広い。区画整理、街路、運河、橋梁などインフラのすべてである。太田がその中でも力を注いだのが橋梁であった（詳しくは中井祐『近代日本の橋梁デザイン思想』東京大学出版会を参照）。太田はヨーロッパ、アメリカに負けない橋を実現するために、逓信省から建築家を引っ張ってくる。橋の意匠を担当させようとしたのだ。山口は呼ばれた東大出の山田守[*5]にくっついて復興院に来たのである。のちに大家となる建築家、山口のデザインのスタートは橋の意匠であった。もっとも山口が

＊4　十河信二（一八八四〜一九八一）。関東大震災時は、鉄道省より帝都復興院に転出していた。のちに第四代日本国有鉄道総裁。周囲の反対論を制し鉄道広軌化案の構想を表明、東海道新幹線の実現に寄与した。

山口文象が描いた復興橋梁のスケッチと山口の意匠が実現した浜離宮入口の南門橋。

意匠家としてどの程度の貢献をしたのかは分かっていない。記録が残っていないのである。太田は山口を相手によくデザイン談義をしていたという。山口が描いたスケッチは多数残っている。これを見て山口がデザインをリードしたのだと言う人も多い。しかしそれは違うと篠原は考える。確かに山口の手になったと考えてよい浜離宮庭園の入口の南門橋や、今はない数寄屋橋はそうであろう。これらの橋は規模の小さい桁橋で、意匠優先でできるから。しかし帝都復興の華といわれた隅田川の永代橋や清洲橋では構造が優先したはずで、その構造と全体形を考えたのは太田とその部下の橋梁課長、田中豊であったはずである。

山口はその後、田中の紹介でダムの意匠を手がけることになる。日本電力（のちの関西電力）が開発する庄川の小牧ダムや黒部川の仙人谷ダムがそれである。ダムのエンジニア、石井頴一郎（明治四四年、東大土木卒）と組んだ仕事だった。このダムの仕事で山口は勉強のためヨーロッパに派遣されている。本格的に土木構造物の意匠を構造とともに担当した初めての建築家が山口であったと言えよう。つまり、建築家と土木のエンジニアが組んで仕事をするのは、内藤、篠原が初めてではなく、すでに七〇年以上前に太田、田中と山口、石井と山口によってなされていたのである（より正確にいうと、山口以前に東京市の土木技師だった樺島正義は建築設計に構造家として参画している）。この山口を逓信省から引っ張り出し、共にデザインについて語り合った太田は篠原の東大土木の大先輩であり（明治三七年卒）、橋梁の田中も篠原の大先輩なのである（大正二年卒）。篠原の先輩たち

＊5　山田守（一八九四〜一九六六）建築家。堀口捨己らと分離派建築会を設立。吉田鉄郎とともに逓信省の全盛期を築いた。主な作品に「東京中央電信局」「日本武道館」「京都タワー」など。橋梁の意匠設計として「聖橋」など。

と建築家内藤の将来をアドバイスした男、山口は篠原と内藤に先立ってコラボレーションしていたのである。これを何かの縁、因縁と考えるのは、考えすぎだろうか。第一の東大闘争に起因する、内藤を早稲田に追いやった関係が当人同士のレベルの話だとすると、第二の太田、田中と山口の関係は当人以前の、お互いの先輩レベルの話である。

縁の話はこれで終わりではない。第三の関係がある。篠原がまだ学生だったころ、知っている建築家は丹下くらいだった。一九六四年の東京オリンピック前後の時代であった。

庄川の小牧ダム。重力式であるが平面にアールを入れ優美さを演出している。ダム天端の橋梁のピアに合わせて盲部分にも飾りピアをつけ、心地よい連続感を生んでいる。

黒部川水系の仙人谷ダム。ゲートの巻き上げ機を上流側にセットバックして、ダム天端をスッキリ見せると同時に、ダム面は落下する流れに素直に曲線で地山にすりつけている。ドイツへ勉強に行った成果。

しばらくして篠原は恩師の鈴木から大谷幸夫の話を聞く。鈴木と大谷は一時期都市工の同僚の助教授であった。「大谷さんは戦後の時期、弟たちを育てるために自分は食わなくてもいいように訓練したんだよ」と教えてくれるのだった。鈴木は大食漢であるが、いわれてみれば大谷は小柄で、いかにも食べなくともやっていけそうに見えるのだった。大谷は真摯で、建築家の良心を体現する存在である。バブルの時にまとめた本、大谷幸夫編『都市にとって土地とは何か――まちづくりから土地問題を考える』（ちくまライブラリー、一九八八）などはその表れである。その後デザインに手を染めるようになって、篠原はさまざまな建築家とその建築に文献で出会う。その中で際立った建築家だと思ったのが前川國男である。もちろん、東京文化会館の設計が前川であることぐらいは知っていた。篠原が学生から社会人へ、さらには再び大学へという時代はモダニズムからポストモダンへ、デコンへ、さらには何でもありと建築が揺れ動いた時代である。一九七〇年代から二〇世紀末にかけて。誰もが、有名建築家ですら時流に乗ろうとしているように見えた。乗ろうとしなかったのは前川や大谷、芦原、白井晟一[*6]など少数だった。端から見ていると建築家は信用のならない人種に思えた。信念というものはないのだろうか。冷静になって考えると、仕事が来なければ食えないわけだから、建築は土木と違って時流に敏感にならざるをえない面もある。土木に比べ民間主体の建築は大変ではある。

前川の本を読み、前川について書かれた宮内嘉久[*7]などの本を読み、前川の建築を見て廻

＊6　白井晟一（一九〇五～一九八三）建築家。ドイツで中世精神史と建築史を学び、モダニズムとは一戦を画した独自の作風を築いた。主な作品に「善照寺本堂」「親和銀行本店」など。

＊7　宮内嘉久（一九二六～二〇〇九）建築評論家、ジャーナリスト。建築雑誌『新建築』『国際建築』などの編集を手がけた。主な著書に『建築ジャーナリズム無頼』『前川國男　賊軍の将』など。

った。これは自慢ではないが、土木の人間で前川の建築をほとんど見た人間はそうはいないだろう。戦前の、例の帝室博物館のコンペで負けた後の文章、「負ければ賊軍」を読んで、ああ、この人は反骨の人だと思った。「建築は人間の命の長さを超えて、時間の流れに抗して存在することに意義がある」を読んで、そのとおりだとも思った。建築とて、土木と同じインフラストラクチャーではなかったのか。また、大谷が言うように「都市は人間を守るためにあるのだ」とするならば、街路や上下水道と同様、都市を構成する建築もイン

東京文化会館。高さを要求される音楽ホールの部分は後方に配置され、道行く人に圧迫感を与えない配慮がなされている。建築の周囲には植栽が施され、樹木と一体となって佇むという日本の伝統が表現される。エントランスホールの床面は木の葉をイメージさせるモザイクタイル仕上げ。

フラでなくてはなるまい。それが時の流行に左右されてフラフラするようでは、市民の信頼を勝ちえることはできないはずだ。ル・コルビュジエ流のモダニズムから入って、日本の気候風土への適応する日本のモダニズムを真摯に追求した建築家、それが前川であったと思う。

著名建築家のさまざまな建築を見て廻ると、才気に溢れた建物、素晴らしい造形力の建物に出会う。正直、すごいと思うことも多い。だが篠原のような全共闘世代の人間には、闘争時代に染み付いた思考パターンゆえだろうか、その人間が出した結果、それが建築であれ小説であれ絵であれ、で判断するのではなく、その人物で判断してしまうのである。作品より人物で。いざという時になって変節しないか、ギリギリになって豹変するのではないか。闘争時代にはいやというほどそれを見てきた。確かに丹下の代々木体育館や広島のピースセンター、香川県庁舎は素晴らしい。しかし、いとも軽々と新都庁舎でモダニズムからポストモダンに華麗に変身できるのかも理解できない。前川もバリバリのモダニズムから打ち込みタイルに見られるような変身を遂げていった。しかしその変身は世の潮流に依ったのではなく、自身の内的な必然に従った結果であった。すなわち、コンクリート打ち放しから湿潤な日本の気候に耐える建築へ。作品として素晴らしければ、それはそれでよいとする見方もあろう。その見方のほうが芸術の評価としてはおそらく正しいのである。建築も芸術であるのだから。それは篠原とてわかっているつもりである。しかしその見方にはくみしたくないのだ。「しかし篠原さん、やっぱり丹下はすごいよ」と内藤はささやく。「そんなことは素人の僕だって分かっているよ」

篠原は前川、大谷の系統の建築家を評価する。いや、そんなに偉そうなことを言ってはいけない。何せ建築については素人なのだから「評価する」ではなく「好きだ」と言うべきであろう。

人物が信用できない人間とは一緒にはやれない。自己の保身のためにいつ人を裏切るか

広島のピースセンター。素晴らしいプロポーション感覚。建築というより彫刻に近いと思う。人を守るという意図は希薄ではないか。

香川県庁舎。日本の伝統である軸組をRC造で見事に表現して見せた。寺を思わせるきれいな建築。初見の時には素直に感動したものだった。（提供：二井昭佳）

分からないからだ。内藤と仕事を始め、招聘しようと考えていたところ、内藤のような建築家はさすがにそう多いとは思わなかったが、ある程度はいるだろうと考えていた。それが建築界の実情に触れるにつけ、内藤は希少種なのだと気づき始めた。

ある都市の水辺で、歩行者専用の橋を教え子のIとやった時のことであった。この橋は美術館の脇になるので、県の文化部局が担当してくれればよいと行政に伝えた。答えは予算の都合で港湾のほうでやってくれないかと言う。美術館と調子を合わせようと考え、美術館側にも建築が引き立つような提案をして了解を得ていた。ある日現場に行って驚く。橋のピアに当方に何の相談もなく勝手に色をつけていたのだった。設計事務所の担当者はこちらの手違いだと弁明する。本当のところは事務所と一緒にやっていた建築家某の独断であった。こちらが建築が引き立つような提案をしているにもかかわらず、である。ああ、売れっ子の建築家とはかくなる人種であるのかと思ったのであった。いつも自分がやるものが主役であると考えるのだろう、こういう人間は信用できない。

これは建築に限られた話ではなく、デザイン、絵画などの芸術界に通じる話なのかもしれない、と今思い始めている。このごろは芸大出のデザイナー、彫刻家など著名な人ほどむしろ信用できないと感じるのである(具体例を挙げろと言われれば挙げることはできます)。

いつごろからか、篠原が内藤と付き合い始めて五、六年といったころだろうか、前川の遺志を正しく受け継ぐ人物は内藤に他ならないと思い始めていた。建築に対する真摯な態度、時間の流れに抗することのできる建築、時代の潮流に左右されないブレない姿勢。林昌二が内藤の海の博物館の建築学会賞で建築にも良心があったといったとおりである。その内藤の父親は航空のエンジニアであった。それを知って、篠原はなるほど、内藤はアーキテクトである前にエンジニアだったのだと納得する。形以前に性能、かっこよさよりも実直さ。そして前川についての本を読んで知った前川の父親が、やはりエンジニアであったこと、それも土木のエンジニアであることを知った時は驚いた。前川の父親は内務省河川のエンジニアであった。前川が新潟で生まれたのは、父前川貫一[*8]が信濃川の大河津分水の工事担当で新潟に赴任していた時なのであった。前川の父と子の関係が、土木と建築なのであった。そして前川の父、貫一は篠原の東大土木の大先輩なのである（明治三〇年卒）。前川の親父、貫一の後輩篠原と前川を継ぐ内藤が土木と建築の関係なのである。これは単なる偶然なのだろうか。何かがあるのではないか、と篠原は考えざるをえないのだ。

それにしても、父親の影響は存外に大きい。篠原は周囲を見渡してそう実感する。前川の父親はエンジニア、内藤の父親もエンジニア。篠原の父親も電気のエンジニアである。橋の大野美代子の父親も造船のエンジニアである。共通するのは実直さ。大谷の父親は、これはごく最近知ったのだが、医者だったという。なるほどと納得する。篠原の教え子のD、父親は大学の英文科の教授。振り返って同年代のころの篠原と比べれば、圧倒的に講義はうまい。同じ教え子のH、父親は理論物理学者。やっぱり理屈っぽい。教え子のM、

＊8　前川貫一（一八七三〜一九五五）河川技術者。前川國男の父。東京帝国大学工科大学土木工学科卒業後、内務省土木局に入省。信濃川、木曽川の改修工事などを手がけた。

造園屋の息子。自分なりの工夫に富む。植物は思考パターンを柔らかくするのだろうか。土木の同僚だった教授のj、親父は商社マンである。時流によって人の評価が短時間で変わった。一緒に仕事をしてきた都市計画の加藤。いささか違和感があったのは父親がやはり、商社マンであったためだろうか。こんなことをいうと、また連れ合いにあなたはいつでも決めつけるんだからと怒られそうである。まさに偏見である。しかし、これは長年さまざまな人物と付き合ってきた篠原の実感なのである。

この章を終わるにあたって、篠原の目に内藤がどう映っているかを、自分との比較で書いておこう。まず、学部、大学院を通じての同級生との付き合い。内藤の言によれば入学してしばらくは、教室は封鎖されていて講義はなかったという。昭和四五年（一九七〇）入学なら早稲田はそうだったのだろう。その後マスター修了まで六年間在籍していたはずだが、親友と呼べるような同級生はいなかったようである。建築学科の仲間に違和感を覚えていたのではないかと篠原は思う。一方の篠原は土木に進学したのだが、土木で交通をやってプランナーになろうと考えていた。進学してみると、そういう意図で入ってきた人間は少なかった。東大土木に行って役人に（建設省や運輸省）なろう、つまり偉くなりたいという人間が多かった。工学部で役人になって偉くなれる一番手は土木なのである。それは国鉄にという人間も同じだった。あとは一流企業のゼネコンである。鹿島、大成、清水、大林などである。明快な職能意識を持っていたのは、海外で国土開発をやりたいと考えていた広瀬典昭一人で、彼は日本工営に就職した。望みどおり、長らくインドネシアでカリ・ブランタス川の開発に携わっていた。道路をやりたい、あるいは港湾をやりたいという職能で土木を選んだ人間はほとんどいなかったのである。こういう同級生だったから、篠原が同級生に違和感を覚えるのも無理からぬことだろう。こういう篠原の体験からすると、内藤が早稲田の建築学科で孤立していた理由はよく分からない。同級生は東大の土木とは違って、内藤と同様に皆、建築家になろうと考えて入学したのだろうから。しかし、いずれにしろ内藤も篠原も一種の孤立感を味わっていた。

内藤の師は吉阪で、その後スペインに渡ってイゲーラス事務所。帰国後、師の吉阪に指示されて菊竹事務所となる。普通に考えると早稲田の吉阪グループは一派をなしていたから、内藤もそのグループに属するはずである。篠原が知っている限りでも吉阪グループの結束は固い。建築のo、都市計画のp、佐々木政雄などは学生時代の先輩、後輩の付き合いも含めて「U研」の思い出をうれしそうに語る。だが内藤からU研の話題が出たことはない、吉阪個人の話は出るとしても。これは珍しい現象であると篠原は思う。篠原が同級生に違和感を感じていたにしても交通研の先輩、後輩とは仲間意識はあったし、ましてや分野を同じくする景観グループは自分の意識の帰属先であった。内藤は吉阪グループにおいても一匹オオカミだったのだろうか。景観グループも初期のころは中村を筆頭に数人しかいなかったから、篠原は二、三匹オオカミのうちの一匹ではあった。

七章　土木における内藤の教育と大学生活

篠原の思いと内藤の思い

篠原が内藤を招聘したのは、再三述べたように設計演習で本格的に学生を鍛えてもらおうと思ったからである。修士の時に建築の設計演習をとり、アプルで修業したとはいえ、助手のDに全面的に任せるには若すぎる。第一線で活躍する人材がぜひとも欲しかったのである。平成一〇（一九九八）年から内藤に非常勤で来てもらっていたから、それでいいではないかと言う人もいるかもしれない。事実、講義や演習を非常勤で賄っている大学は多い。教官のポストが確保できないという理由で。そしてそれを五年も、いや一〇年以上続けているところもある。かねてから篠原はこれはおかしいと考えていた。その講義科目が、あるいはその演習が重要だと認識しているのなら、専任の教官として採るべきだと思う。だから篠原は、非常勤を引き受けても、原則的に三年という期限をつけ、その原則を実行していた。東工大、岐阜大、芝浦工大、関東学院大、日大、拓大など。専任の教官として来てもらって初めて、その学科が本気だということが内外に認知されるのである。デザインができる学生を出すことに景観研の将来がかかっているのである、篠原はそう考えていた。これは学生だけではなく、より上の助手クラスを含めての話である。もとより土木では建築のように十分な時間を設計演習に充てることはできない。しかし内藤なら短い時間でもそれが可能になると考えていた。従って前にも書いたように、内藤を学生の人気取りの人寄せパンダとして呼んだわけではなかった。

内藤なら早稲田とは違う東大に来ても、建築とは世界が異なる土木に来ても、平気でやっていくだろう。その点は心配していなかった。内藤がこの時点でどう考えていたのかは分からない。だが内藤が精神的にも身体的にもタフであることは、一緒に仕事をしていてよく分かっていたのだ。唯一の心配は大学に来てもらって、それが建築家・内藤廣の設計活動を邪魔することになりはしまいか、という点であった。大学を外から見ている人には分からないかもしれないが、大学というところは、実に、いわゆる雑用の多いところなのである。学科の会議と業務の割り当て、学部の委員会などなど。日本の大学で世界クラスの業績（例えばノーベル賞）が出ないのは、研究、教育以外の雑用で時間が潰されるのが一番の原因なのである。「講義はしなくて結構です」。まず内藤に言ったのは、これであった。「週に二回か一・五回来てくだされればそれでよい」とも言った。この二件はすでに土木の教官たちに言い了解済みだった。隣の建築で事務所と掛け持ち、本人がまじめであるがゆえに、結局両方とも中途半端になっている例を見ていたからだ。この「講義はしなくて結構です」は、かつて芦原を設計演習専任として迎えた東大建築の条件にならったのである。そして第三に、論文の指導も必要ありませんとも（しかし内藤は次第に慣れて、論文の指導も軽くこなすようになるのだが）。

一方の内藤は東大の土木に来ることをどう考えていたのだろうか。まさか奥さんの「あなた、それは面白いじゃない」だけで、この重大な決断を下すわけはないだろう。内藤は建築や都市、世の情況などについては話すが自身の心境、苦しさや悩みなどを愚痴るような男ではない。しかし岐路に立って悩んだことを話してくれたことはあった。一回目は、菊竹事務所から独立してやっていたころのことだという。「こんなことをやっていていいんだろうか」。つまり、建築は好きだからやっているのだが、本当に人や世の中の役に立っているんだろうかという疑問だったのだろう。この辺りが建築の社会的責務を考える内藤の倫理性である。前川がそうだったように。この時、内藤はアメリカに旅立ち、建築を見て廻ったという。内藤はルイス・カーンのキンベル美術館に感銘を受ける。こんなにも人を感動させる力が建築にはある。建築は無用なものではない。内藤はそう確信したという。篠原はアメリカという国が嫌いだから行ったことがなく、カーンの素晴らしさは分からない。だが内藤の気持ちは追体験できる。「建築は続けるに値する仕事だ、続けよう」。内藤はそう決断したのだろうと思う。

　二度目の悩みは海の博物館で建築学会賞ほかの賞に輝き、順風満帆の時期にやってきたという。互いに過剰なまでに意識し合う、しかし一般社会には開かれていない「建築村」でいつまでもやっていていいのだろうかと。内藤が学生時代から一匹オオカミ的に生きてきたことは先に述べた。群れることを嫌うのである。村社会はどの学会、業界でも見られる現象だから建築だけが特殊だというわけではない。土木ももちろん、村社会である。そしてその村は建築よりも数多くある。鉄道村、港湾村、橋梁村など。だが内藤がそう感じた気持ちは多少分かる。時に見られる、芸術家気取りの態度や服装、これは庶民には分かるまいという難解な言葉使い。建築は半分は芸術の領域だから仕方のない面はある。しかし内藤は、篠原の見立てによればアーキテクトである前にエンジニアだから、こういうくさみが鼻についていたのではないか。建築とは芸術であると同時に社会のための技術でもある。内藤はそう思っていたはずである。「このまま、この閉鎖的な建築村にとどまっているのか」。それが内藤の悩みだった。こんな悩みを見透かしたように、篠原が東大土木の話を持ちかけたのだという。もちろん、その内藤の悩みを当時の篠原が知っていたわけではない。「よしやってみよう。転機が拓けるかもしれない」。篠原の悩みと内藤の悩みが、タイミングよく一致したのである。この関係を物理学的に、いやテレパシー的に言えば、互いの周波数が同期して共振したということだったのだろう。

講義と設計演習

工学部一号館[*1]にいる土木の教官の部屋の配置は昔から、少なくとも篠原が学生だったころから変わっていない。三つの部屋が一つの単位になっていて、真ん中が入口で、ここに秘書が座る。その左右が教授と助教授の部屋である。助手は別の研究室に学生と同居する。この配置が意味するところは、学生とのコミュニケーションより教官同士の関係を密にという考えからきているのだろう。従って内藤の部屋は秘書がいる部屋を隔て篠原の向かい

＊1　工学部一号館
一九三五年竣工。内田祥三設計。地下一階地上三階、鉄骨鉄筋コンクリート造。一九九八年に香山壽夫設計で増築。主に社会基盤学科（旧土木工学科）および建築学科が利用している。

となる。内藤が来た当初は工学部一号館の三階、階段を上がってすぐ左の南面の恵まれた部屋であった。前には広場があり、その中央に大銀杏*2が立っている。工一号館の竣工は昭和一一（一九三六）年だから、相当の古木、大木である。銀杏だけではない、大きな欅《けやき》も目に入ってくる。なんでこんないい場所に工一号館があるのかというと、関東大震災の後にキャンパスのマスタープランをつくり、個々の号館を設計したのがのちに総長にもなる内田祥三教授が指揮した建築学科の先生たちだったからである。最もいい場所を取ったわけである。その余禄に土木も預かったのだ。思えば、北側にしか窓のない物置のような部屋から始まった景観研も出世したものであった。

内藤は建築家だからどんなインテリアにするか、一応の興味はあった。一応の、と書いたのは元来が篠原はインテリアにはそう興味はないからである。でき上がった内藤のインテリアは至って素っ気ないものだった。木の板で本棚を組み、そこにきれいに本を並べた。篠原と違うのは、それが整頓されていることだ。壁には有名なピラネージのローマの地図*3を額に入れて飾った。それだけである。篠原がどうするかな、とむしろ興味を持って見ていたのは机の向きである。南の窓に向かって座るのか、窓を背にして座るのか。さて内藤はどうするか。内藤は窓に向かって座るように机を置いた。内藤はやっぱり同類の人間だ、篠原は一人うなずいたものだった。窓を背にしてという置き方は、入ってくる人間を机越しに迎えるという関係になる。この配置を好むのは局長、社長などの役員である。社

＊2　大銀杏
東京大学工学部一号館前庭広場の中心に立つシンボルツリー。樹冠約二〇メートル、一号館を超える高さに育ち、憩いの場として親しまれている。工学部一号館の南側の居室や階段室からは四季の移ろいをうかがうことができる。

＊3　ピラネージのカンプス・マルティウス
イタリアの画家、建築家ジョバンニ・バティスタ・ピラネージ（一七二〇〜一七七八）によって描かれた都市計画画版。カンプス・マルティウスは古代ローマにあった2平方キロメートルの広さの公共地域。現在のローマ第四区カンポ・マルツィオに相当する場所。

長ではないにしろ管理職は、例え大部屋でも課長は窓を背にして部下の方を向いて座る。入口のほうを向いて座る。皆さんも、会社や役所を訪ねた時の記憶を辿ってもらいたい。必ずこうなっているはずである。この配置は、篠原の理論によれば支配の構図なのである。従って、この配置を好むのは支配欲の現れなのだ。内藤は支配欲のない人間である。こう感じて篠原はうれしかった。篠原はもちろん、窓に向かって座る。大学に行った時、先生がどう座っているかチェックしてみてください。

内藤助教授を迎えての平成一三（二〇〇一）年度のスタートは順調だった。講義はしなくて結構です、とは言ったものの学部の景観設計Ⅰでは二コマしゃべってもらった。三年生の夏学期の講義であり、景観研の看板講義である。何もやってもらわないのは宝の持ち腐れだと思ったのだ。常勤の教官としての、内藤の記念すべき初の講義は七月六日であった。二回目は七月一三日。緊張しているようには見えなかった。若者相手に話すことには慣れているのかもしれないなと思った。内藤の講義はうまいという種類の講義ではない。学生のほうに近寄って兄貴が弟にしゃべるように話す講義である。激励するように話す講義である。細かい論理のつながりには頓着しない講義でもある。この人は若者が好きなんだと思った。内藤の件が決まったころ早稲田のPチャンに話すと、「あの人は人間が好きなのよ」と言ったことを思い出していた。そうだ「内藤は人間が好きなんだ」。篠原は実は、あまり人間が好きなほうではない。嫌いというわけでもないが、時に煩わしいと思うタイプの人間である。ベタベタとくっついてこられると閉口する。「紳士の交わりは水のごとし」という言葉が好きだ。Pチャンとは、早稲田の建築を出て中村良夫に憧れ、大学院は従って東工大。その後多少の経緯を経て、早稲田の土木の教授となるPである。「バカな人間は嫌い」と公言する人間だから言っていることに裏表はない。キツイ言い方過ぎるのが難点だが、人物評価は適切なのである。そういえば、建築の編集者の神子久忠も「内藤……、あれは建築が好きだからね〜」と言っていたことも思い出していた。建築が好き、人間が好き。内藤とはそういう人間らしい。

篠原は、内藤が建築が好きだというように土木が好きだと言えるだろうか、言えそうにはない。大体が土木の人間で土木が好きだという人間はあまりいないのではないか。橋が好き、鉄道が好きという人間はいるにしても。土木は道路、鉄道、港湾、ダムなどさまざまなインフラストラクチャーを総称する言葉だから、土木と括って言ったのでは焦点がぼけてしまうのである。建築のように建物だという具体的な愛着の対象が浮かばない。だから土木は土木、土木と言わずに橋、鉄道、港、都市などの対象を前面に出して若者や社会に訴えればよいと考える。土木と一括りにして言うから「それは工事でしょ」となってしまう。では篠原はと問われれば、川が好きだと答えたい。しかし川は土木だろうか。確かに川を利水や治水で受け持つのは土木のエンジニアに違いない。しかし篠原は川の護岸や堤防が好きなわけではない。堰が好きなわけでもない。水が流れる川そのものが好きなのである。つまり、自然の川が好きなのだ。これでは土木が好きだとは言えまい。だから後になって「ああそうか」と気がつくのだが、橋や鉄道には行かず景観に走ったのであろう。特に川の風景が好きなのである。これでは土木のエンジニアではなかろうと言われても抗弁のしようもない。

さて七月に入って夏休みとなり、篠原、内藤、D、Lの研究室スタッフは連れ立って一泊の旅行に出た。Lは前年の四月に清水建設から助手で呼び戻していたのである。第一の

東大、京大の景観研究室の初顔合わせ。

目的は京大の景観研との懇親であった。当時京大の教授だった中村の発意である。東大、京大初のエールの交換だった。京大からは中村、助教授のQ、助手のR、Sが出席した。ちなみにQは京大建築の教授の息子であり、のちに教授となる。Rはのちに岐阜大を経て熊本大へ、Sはコンサルタントへ行き再び京大に。この日は京都泊り、翌日は内藤の海の博物館を見に鳥羽に出向いた。内藤の学会賞受賞作品である。内藤が東大に来た後で見るとは、「順序が逆じゃあ、ありませんか」と言われそうだが、それでいいのである。篠原は先にも書いたように、内藤の作品を評価する前に内藤の人間に惹かれたのだから。海の博物館はもちろん、よかった。すごいと思ったのは収蔵庫のほうだった。何の空調もなしに温度、湿度が年間を通じて一定に保たれているのだ。三和土の呼吸の効果だという。内藤にはちょっと失礼になるが、木造の展示棟はあまりよいとは思わなかった。確かに集成材で大きな空間は獲得されてはいたが、プロポーションがピンとこなかったのだ。望外の発見は、内藤鏡子著『かくして建築家の相棒』という本が置いてあったことだった。ここにしか置いてないという。さっそく買いこんだのは言うまでもなかろう。

秋になり、一〇月二日から四日まで、秋に恒例の土木学会の全国大会がこの年は熊本で開催されることになっていた。また研究室の四人は連れ立って熊本に出かける。もちろん、学会だから発表や司会、研究討論会などがあるのだが、篠原の楽しみは、『草枕』を歩くことだった。篠原が最も尊敬する人物は夏目漱石[*4]なのだ。とりわけ『草枕』は、漱石が俳

＊4　夏目漱石（一八六九〜一九一六）小説家、評論家、英文学者。主な著書に『坊ちゃん』『草枕』『三四郎』など。

海の博物館の収蔵庫。自然換気による湿度コントロール。一方の展示棟は篠原にはピンとこなかった。構造的には合理的なのだろうが、天井が高すぎると思ったのだ。

句のような小説をと考えて、非人情をテーマに書いた小説である。「山路を登りながら、こう考えた。智に働けば角が立つ。情に棹《さお》させば流される。意地を通せば窮屈だ……」のくだりは有名だが、それ以上に「『おおい』と声を掛けたが返事がない」の峠の茶屋の部分は実によい。まさにのんびりとした、俳味のあるシーンではないか。篠原は一度は歩いてみたいと兼々思って、チャンスを狙っていたのである。それがようやっと実現するのである。手配は土木の同級生の鹿島にいる小谷健一君に頼んだ。市内側から歩いて峠まで行くのが正しく、漱石も山川信次郎[*5]とその登りを歩いたのだが、それを辿ると小天《おあま》で一泊しなければならない。それでは学会に来たのか、温泉に来たのか、あんまりというものになる。登りは諦めて峠まで車で送ってもらうことにした。こういう時には大会社は便利である。地方に支店があるからだ。峠から海に向かってダラダラ道を下る。天気はよし、連れはよし。気分は爽快。道端には菊が咲いている。熊大にいる教え子のMは家族連れである。娘の日向ちゃんを、これまた仙台から来た教え子のHが肩車で歩く。途中からMの奥さんも合流。

草枕　行く手に咲くか　菊の花　　素山

秋晴れに　菊千本の　草枕　　素山

の句を得る。句が出るのは心に余裕がある証拠だ。小天温泉に着く。本当は「那美さん」のいた那古井館に行きたいのだが、現実にはそんなものはない。大きな銭湯のような施設

＊5　山川信次郎
五高の教員であり、夏目漱石の熊本時代の友人。『草枕』は漱石が山川と出かけた小天温泉への旅がベースとなった作品。

がある。タオルを借りてみんなで入る。ガラスの向こうは、みかん畑、その先は有明海である。

とって返して市内の坪井の旧宅に行く。漱石は熊本市内を転々としたのだが、ここだけがそのまま残っているのだ。大きくも小さくもない平屋の家。鏡《きょう》という名の嫁を迎え、筆子と名づけた子供ができ、『三四郎』のモデルの一人となった五校生の寺田寅彦[*6]が通った家。熊本時代は漱石が最も幸せだった時代である。こののち文部省の命令でいやいやロンドン

*6　寺田寅彦（一八七八〜一九三五）物理学者、随筆家、俳人。自然科学者でありながら文学など自然科学以外の事柄にも造詣が深く、科学と文学を調和させた随筆を多く残している。主な著書に『地球物理学』『万華鏡』『物質と言葉』など。

夏目漱石が住んでいた坪井の旧宅。ここの縁側に座ってぼんやりしていると、明治の昔に帰った気分になる。好きなところです。（提供：星野裕司）

に一人旅立つ。句作も一番多い。「やすやすと　海鼠のごとき　子を産めり」、実際は難産だったのだが。縁側に座って黙念と庭を見る。今日はいい日だった。これから懇親会である。「これが学会……」、内藤はなんと思っただろう。

　この年はすべてが順調に進み、一一月には内藤を教授にという話が教室教授会で出る。半年で内藤は土木の教授たちの信頼を勝ちえていた。一一月一八日、研究室の全員が北鎌倉の内藤の家に招待された。広い家だった。二〇〇坪近くはあるだろうか。内藤のデビュー作でもある。「そうか、内藤は実はお坊ちゃんなんだ」と気づく。小さいころは戸塚の高台に家があったという。お祖父さんは、内藤に聞くと「芸者印」のコンビーフの仕事をやっていた実業家だったのだという。この家ではご両親と家族が一緒。

　庭でバーベキュー。やや寒かった。みんなニコニコしていた。父君が自慢の極小の折鶴を見せてくれる。顕微鏡のごとき眼鏡で見ながら、ピンセットで折るのである。やや小柄、柔和そうな、だが気難しいところもありそうな、「これが内藤の親父さんか」。お母さんは「いい家のお嬢さんだな」、そう思った。何せピアノの先生をしていて内藤を小さいうちから音楽会に連れていっていたのだから。娘さんが二人。ただし他人のプライバシーには立ちいらないことにしているので、それ以上のことは知らない。熊本の漱石ではないけれど、このころが一番よかったのではないか、今の時点から振り返って思うと。今、ご両親はなく、娘さんの一人もこの家を出ていると聞く。一〇年の時の流れ。

内藤という人物

さて、ここらで篠原が惹かれた内藤という人物が篠原の目にどう映っているのかを、思いつくままに書きつけておきたい。

向こう隣の内藤を昼食に誘う。「飯でも食いにいきませんか」。昼飯をとりながら、あれこれと話すのが教官同士のコミニュケーションには有益なのである。「すみません、ちょっと」、内藤は事務所の仕事もあって忙しいのである。研究室の秘書か事務所の秘書に買ってこさせたのだろう、昼飯から帰って部屋をのぞくとパンをかじっているのである。たいていはカレーパンだった。「あれでよくもつな」、粗食なのである。食事には興味がないのかと思う。その後も昼のこのスタイルは続く。時たま六時半以降に根城にしている居酒屋「ゆい」に誘う。学生とワイワイやりながら飲み、しゃべるのが面白いのだ。この席でも内藤は自ら注文はしない。出されたものを食べていれば、それで満足しているようなのである。それでも楽しそうではある。やっぱり若者が好きなのであろう。何回かやって気がついたのだが、酒は飲んでいないのだ。「篠原さん、最大の誤算だったでしょう。僕は酒が飲めないんですよ、たまにコップ半分くらい」。「え、本当……」。その風貌、タフさから見て、飲めないとは意外であった。たばこは飲む。これで救われた。思えば、たばこを吹かしながらあれこれと何回話し合ったことだったろう。奥さんは飲むらしい。それも結構。週末に北鎌倉の家に帰って話していると、内藤は週日の仕事の疲れで眠くなってくる。寝ようとすると、「あなた、私の話を聞かないの」と飲みながら絡んでくるのだという。一週間分の話がたまっているのだ。内藤から面白おかしく聞いた話だから、どこまで本当なのかは分からない。こんな話を聞きながら、奥さんは大変なんだろうなと同情した。旦那はいない、土日にしか帰ってこない。忙しい時期にはひと月も不在。家には娘二人、あとは両親。しかも、それは舅と姑なのである。そして内藤廣建築設計事務所の代表にして経理。ストレスがたまらないわけはない。よくもったものだとも思う。内藤の奥さんは偉いよと思う。そして、こういう人を選んだ内藤も人を見る目があったと言うべきなのであろう。

内藤が都内の根城にしているのは、母校、早稲田の近くのマンションらしい。どんなふうに寝起きしているのか興味がないことはないが、プライバシーには踏み込まないことにしているので聞かない。ムシャクシャしてくると掃除を始めるのだという、あるいは洗濯をするのだという。酒は飲まないので夜更かしである。けっこうテレビを見ているらしい。当方が知らない若いタレントも知っているのである。テレビを見ているとは意外だった。いつからひとり暮らしを始めたのかは知らないが、体力、気力十分の著名な建築家である。この魅力的な男に浮いた噂がないのは驚きである。建築家にはその手の人間が多いでしょう。本人にその気がなくとも女性がほっておかないのではないか。離婚し再婚してはじめて一流というのが建築界の常識とも聞いたことがある。女性よりも建築、大人よりも若者なのだろうか。付き合ってもう一五年になるが、いまだにここのところは分からない。そういえば出張で泊まって二次会でバーに行っても、女の子とは戯れない。同席の南雲勝志とは大きな違いである。あれで面白いのかと思う。けっこう雰囲気を楽しんでいて、先に帰ろうとは決してしないのである。酒も飲まないのに。不思議な男である。ホテルに帰ってからも仕事をしているに違いない、とにらむ。いつも朝眠そうに起きてくるので分かる。こっちはもういい機嫌で風呂に入ってバタンキューだ。

出張といえば、旭川から仕事を始めて以来、何回一緒に出張したことであろうか。羽田のゲートの前で会い、「おはようございます」と挨拶を交わし、機内に入る。内藤はとうかがうと、前方の席でもう寝ているのである。飛行機の席は前方、席に着いたら寝ると決めているらしい。「慢性的な寝不足なんだ」と推察する。一方当方はというと、例のごとく一つの落ち着きもなく持参の本を読み、機外を眺め、ペットボトルのお茶を飲み、アテンダントに「飴をください」などと言っているのである。というようなわけだから、高知行きの機内で「内藤さん」と大学の話を切り出したのは、よっぽど思い詰めてのことだったのである。

現場を見て歩く時は、連れ立って話をしながらのっしのっしという感じで歩く。愛用の革のバッグは右肩にかける。本人は自覚していないだろうが。だからか左に比べ右肩のほうがやや上がっている。このバッグの中には、これまた愛用の大判の革の手帳が入っていて、これに何でも書き込む。デザインのスケッチもある。新聞の切り抜きも貼り付けてある。ペンは赤インクと黒のサインペン。だから手帳は赤と黒のまだらになっている。「赤の字は絶交の手紙を書く時に使うんだがなあ」と思うのだが本人に気にしている様子はない。なぜ赤なのか、分かりますか。本人に聞けばよいのだが、そんなつまらないことを聞くのは憚られる。こう推測している。所員が図面を持ってくる、内藤が修正の線を入れる。それには赤が見やすく分かりやすい。図面修正の赤ペンがそのままメモにも使われているのだろう。いや、赤という色が好きなだけかもしれない。この手帳は娘に遺すのだと言う。「遺せるものはそんなもんだよな」と言うのだ。そう聞いて、俺は何を遺せるんだろうかと篠原は思う。

内藤が肉体的にも精神的にも極めてタフだと書いた。その典型を紹介して、この項を終ろう。益田のコンペのその後、設計図面提出ギリギリに海外出張となった。内藤は三日三晩徹夜して何百枚かの図面をすべて見、チェックして旅立ったという。タフである、と同時になんという責任感であろうかとも驚嘆する。篠原、「そこまでは、できないなあ」と思うのだ。

建築をめぐる内藤の言葉

東大に来てから時折聞かされた言葉に「僕は本当は器用なんですよ」がある。ぶれない、一貫して堅固な建築をつくり続けているゆえに、世間に内藤は不器用なんだと思われているのではないかと危惧しての発言なのだろう。とはいいながら、内藤がポストモダンや女子供に受けそうなデザインをやりそうにはない。時間の経過に耐える、力強い、正統派の建築という点で一貫している。「文は人なり」と言われるように、「建築も人なり」なのである。内藤の建築には内藤の人柄がよく出ている。まず、色気はない。早稲田の先輩、村野藤吾[*7]のごとき色気はないのである。長谷川堯に言わせれば村野はメスの建築であり、その点でいえば内藤はオスの建築なのであろう。先に述べたように、牧野富太郎記念館には色気を出すチャンスがあったはずだが、内藤はそれを試みなかった。華麗さもない。華麗さを出そうと考えれば、もっと繊細に、線を使ってデザインしなければならない。それでは内藤の「時間の建築」の原則を守ることができない。

ここに対照的な建築があって、是非見にいかれたい。場所は茨城県の古河《こが》、中村良夫が手がけて古河公方《くぼう》の館跡地を公園としたところである。中村は自身が古典的な庭園を設計するとともに、コンクリートや鉄骨などの工業材料を持ち込んだユニークな公園である（この公園はギリシャの大臣だったメリナ・メリクーリを記念する賞[*8]を受賞した）。古河は中村が戦中・戦後に疎開していたところで、中村の青春時代の思いがこもった土地なのである。そのためであろう、極めて多忙であったにもかかわらず当時、中村は週一回のペースで古河に通っていた。この公園に添景を添えるべく、中村は内藤と妹島和世[*9]に公園内施

＊7　村野藤吾（一八九一～一九八四）建築家。主な作品に「広島世界平和記念聖堂」「日本生命日比谷ビル」「ルーテル学院大学」「迎賓館本館」など。

＊8　メリナ・メリクーリ国際賞　ユネスコとギリシア政府が共催。世界の主要な文化的景観保護と保護活動促進に貢献した活動を称えることを目的とし、一九九七年に設置。景観保護と持続的開発の先駆者、女優かつギリシャの文化大臣だったメリナ・メリクーリにちなんで創設された。

＊9　妹島和世（一九五六～）建築家。主な作品に「小さな家」「犬島・家プロジェクト」など。西沢立衛とのプロジェクト（SANAA）として「金沢21世紀美術館」「ローザンヌ連邦工科大学ラーニングセンター」など。

設の建築を依頼している。内藤の建築は正面入口のゲートを兼ねた管理・研修の建物、妹島の建築は広場脇のカフェである。カフェはいかにも軽く、華奢、洒落たデザイン。ただし、そのうちに錆びて何年も持つまいという建物である。女性には受けそうだ。それに対し、内藤の建築は瓦をのせた長屋門ふう、真ん中が門でその両脇が部屋。いかにも無愛想なのである。お洒落にはほど遠い。ただし長持ちはしそうである。

この建築を見た時、篠原は別の面でそうかと納得した。建築家には、その建築家の建築スケールがあるのだと。日本の建築家は一体に小さな建築が得意である。茶室、書院造。代表は住宅作家吉村順三[*10]の住宅。例外は、ここでも丹下。代々木の体育館、好きではないが東京カテドラル、新東京都庁舎。内藤もむしろ、こちらの系列に属するのではないか。古河のゲート建築は内藤スケールからすると小さすぎるのだと篠原は考える。海の博物館、牧野、益田は内藤スケールなのだ。いや茶室だってうまくやりますよと言うかもしれないが。むしろ、どのくらい大きなものを丹下レベルまでいくのか。今後の楽しみはである。

東大に来て身近に接すると、内藤は頼まれて大量の講演をこなしていた。内藤のぼやき、「建築家はつくるのが本来であって『しゃべる』のは本業じゃないんだが」と言いながら、内藤は断りもせず出かけていくのである。年に何回こなしていたのだろうか。五〇回は下らなかったのではないか、想像するにしゃべることが嫌いではないのだと思う。とくに若者に請われれば。またこういう言葉もよく聞かされた。建築家は設計してこそ建築家なの

＊10　吉村順三（一九〇八～一九九七）建築家。主な作品に「軽井沢の山荘」「愛知県立芸術大学」「八ヶ岳高原音楽堂」など。

であって、「語る」のは建築家ではないと。自らの建築を語る必要はない、体験してもらえば分かるのだから。妙にもったいぶって、自分の建築を理屈づける風潮に反発を覚えたのだろう。という言葉とは裏腹に、ここでも内藤は大量に書いているのである。篠原と付き合い始めた一九九六年以降に限っても何冊本を出したことだろう。『建設業界』に二年間、月一回のエッセイを書き、それを『建土築木』と題して出版する（建土築木は内藤の建築、土木の合成語）。東大での講義を『構造デザイン講義』として出版、続けて『環境デザイ

中村良夫が丹精を込めて設計した、古河公方館跡地の公園。公園というより日本庭園と見る。伝統的な様式に鉄やコンクリートが持ち込まれ、単なる回顧趣味ではない中村の感覚が表現されている。

［上］内藤のゲートの建築。例によって愛想はない。内藤スケールからすると小さすぎるのだろう。いつもの存在感はない。［下］一方の妹島和世のカフェ、軽く、お洒落。女性陣には人気があると思わせる。しかしいつまで持つか、疑問である。

ン講義』も出版する。実に多作である。その昔、京大から丹下研に入った黒川紀章[*11]は、口八丁手八丁の建築家だと称されていた。黒川は口で描く、とさえ言われていたのである。描く（設計）、しゃべる（講演）、書く（執筆）が建築家の活動範囲だとすると、内藤はそのすべてに多作の稀有な建築家であると言わねばならない。「篠原さん、それは僕の本意ではない。誤解だよ」と内藤は言うだろうが。

書くに関しては篠原も意識して努力してきた。論文を書き、専門誌にいくら書いても一般の人はそれに触れることはできないから、普通の人が手に取れる、本を書くべきなのである。専門書に分類されてしまうから、そう広く流布するというわけにはいかないのが残念なところだが。けっこう本は書いた。篠原が羨ましいと思うのは、建築ではしゃべってくれという声がしょっちゅうかかることである。大学から県や市町村の建築士会から、あるいは設計事務所やゼネコンから。その機会は土木に比べ圧倒的に多い。篠原も声がかかって出かけるほうではあるが、内藤の一割にも満たないのではないか。地方のコンサルタント協会や測量協会から声がかかったことは一度もない。自治体からはあっても。これは内藤個人が著名人であることも大きいが、建築と土木の文化の違いによるところだと思う。

建築は基本的に競争社会である。民間工事が大部分を占める建築では、誰に頼んだら安くてよい建物をつくってくれるのか、会社は敏感である。誰に頼んだら会社のセンスを示し、信用を高める建物を設計してくれるのか。一方の建築家のほうも必死である。デザイ

*11　黒川紀章（一九三四〜二〇〇七）建築家。主な作品に「中銀カプセルタワービル」「国立新美術館」など。

ン力、技術力を磨いてPRして、仕事を取らねば飯の食い上げである。工事が役所発注の場合でも重要な施設ではコンペ、プロポーザルの方式が採られる。ここでも実績に加え、デザインと技術力の「アピール」が勝負を決める。だから互いに他を見て、また他を招き自身の力を向上させようと努力しているのだ。一方の土木では役所が大半の発注元である。コンサルタントやゼネコンにとっては互いに競争するよりも役所の覚えをめでたくするほうが大切なのである。だから天下りを受け入れて覚えめでたく、共存共栄で仲良くやっていこうと考える。役所のほうも天下り先が多いほうがありがたいから、技術力やデザイン力で突出するところが出ることを好まない。従って「競争」社会とはならず、役所支配の「配分」社会となるのである。こういう社会で生きていれば、競争が常識となっている国際的な市場で仕事を取れるわけはない。競争のないところに進歩はないのだから。

では土木の社会は皆そうかと問われれば、そんなことはないのである。先進国のヨーロッパ、アメリカ、日本が後進と考えている中国、お隣の韓国でも皆コンペ、プロポーザルの競争社会である。日本だけが特殊社会なのである。かのエッフェル塔もコンペであったし、フランスでは大きな橋は皆コンペである。韓国の橋も同様で、篠原は橋のコンサルタント長大に呼ばれて韓国の橋のコンペに三回参加した。こういうわけだから、ソニー、パナソニックもサムソン、LGに追い越されたのであろう。土木のエンジニアは勉強しないとよく非難されるが、これは個人の問題ではなく、土木の社会が勉強しないほうが得という状況をつくっているのである。競争のないところに進歩はない、それが歴史の教える教訓だから、このままでは日本の土木は滅びるのではないか、と篠原は憂えているのだ。

八章　内藤の建築と建築界

この章と次章では、建築と土木の関係をめぐって議論を展開したい。

内藤のモダニズム――前川の正統を受け継いで

篠原が過ごした青春時代の建築の流れ、それは一九六〇年代から八〇年代の、モダニズムからポストモダンへの流れであった。それ以降デコンストラクションというあだ花を通って、今や何でもありのごとく「負ける建築」「隠れる建築」などの言葉だけがひとり歩きしているかのようだ。篠原のような建築の素人からすると、新味を出そうとして目先を変えることに汲々としているようにも思える。土木も目標を失って久しく、混迷の時代をさまよっているが、建築もどこを目指しているのか、それがいささか心配ではある。篠原が評価する、いや単に好きなと言うべきだが、内藤の建築を手がかりに日本の建築についての素人論を展開してみよう。以下は景観という、わけの分からないことを専門にしている人間が勝手なことを言っていると、建築の人間には受け流してもらえばよい。

内藤が海の博物館で一九九三年に建築学会賞を受賞した時、林昌二が建築界にも良心があったと述べたことは語り草になっているという。時あたかもバブル真っ最中の時代であった。無駄をそぎ落とした質実さ、プランの合理性、市民のための建築、正統のモダニズムはこういうものであったのだと再認識されたためであろう。内藤の建築は正統派モダニズムの嫡子であると思う。それ以降、内藤の建築にブレはない。建築の流行《はや》りがいかにポ

＊1　モダニズム建築
産業革命以降、鉄やガラスの大量生産、S造やRC造の普及により、組積造の持つ構造的制約から開放されたことで可能になった建築様式。機能的、合理的で地域性や民族性を超えた普遍的なデザインとされた。

＊2　ル・コルビュジエ（一八八七〜一九六五）
建築家。スイスで生まれフランスで活躍した近代建築の巨匠。主な作品に「サヴォア邸」「ロンシャンの礼拝堂」など。主な著書に『建築をめざして』『輝く都市』など。

＊3　五つの宣言
ル・コルビュジエにより提唱された近代建築の五原則。①ピロティ②屋上庭園③自由な平面④水平連続窓⑤自由な

ストモダンや負けの、隠れる建築などに流れようとも。

釈迦に説法だがモダニズム建築[*1]はル・コルビュジエ[*2]に始まる。その教条は自由な平面、構造からの立面の独立、ピロティなどの五つの宣言[*3]に表現される。我が国ではこれがモダニズム建築だと理解され、それが模範となった。弟子の前川、坂倉[*4]、その次の世代の丹下以下。その理解は間違いではない。しかし篠原に言わせれば、それは十分な理解ではない。ル・コルビュジエのモダニズムには様式建築が仕えていた王侯貴族から市民のための建築

立面。サヴォア邸ではこれら五原則が実現されている。

＊4　坂倉準三（一九〇一～一九六九）建築家。ル・コルビュジエのもとで学んだ後、日本の伝統とモダニズム建築を融合した作品を発表し続けた。主な作品に「パリ万国博覧会日本館」「国際文化会館」「新宿西口広場」など。

埼玉会館。建物を沈めて無理なく屋上の広場に人を誘導する。誰もがいつでも使える広場になっている。室内からも建築周辺の緑が目に入ってくる。

［上］世田谷区役所。建築棟をL字型に配置して広場がつくり出されている。広場へはピロティを抜けて前面街路から入る。前面街路に沿って並木が設けられ、建築をこれ見よがしに見せることは避けている。［下］室内の喫茶室からはサンクンガーデンの緑が楽しめる。これを壊して立て直そうという計画があるという。とんでもない。いずれできる建物は広場ではない残部空間付きの高層となるのだろう。人はどこで集えるのか。

へという、もう一本の重要な柱があったのだ。日本の理解は形に偏し、市民のためにという理念を欠いていたのだと思う。この点に敏感だったのは前川だった。敗戦後に手がけようとしたプロジェクトが、住宅難にあえぐ庶民のためのプレモス[*5]であったことがそれを如実に物語る。合理的な建築、市民のための建築、両面にわたってモダニズムを理解していたのは前川であった。丹下はもちろん、自身の追求する形のみである。思うに丹下はアーキテクトではなく、アーティストなのであろう。しかし世間的にはアーキテクトなのだから、アーティストのように施主、関係ないというわけにはいかない。迎合とは言いすぎか、為政者を巧みに惹きつける技に長けていると言うべきか。

周知のことゆえ詳しく述べることは避けるが、前川は紀伊國屋書店[*6]、埼玉会館、世田谷区役所、京都会館などを通じて一貫して市民の建築、市民の広場の創出に意を用いた。しかしなぜか建築ジャーナリズムの分野では、この建築がつくり出す広場（外部空間）というテーマは脇に押しやられ、建築の構造美（代々木の体育館）やコンクリートを使った新しい機能美の建築（香川県庁舎[*7]）が話題の中心となっていくのである。広場は土木の分野でも戦後から高度経済成長期にかけて主要なテーマであった。敗戦後の日本にあって、今度こそは市民が主役となる社会をという機運がみなぎっている時代であったから。新宿駅の西口広場[*8]、渋谷駅のハチ公前広場などがその一応の成果であった。しかし高度経済成長から建築界の関心は、市民のための建築から発展する経済を象徴する建築に移るのである。

＊5　プレモス（PREMOS）
戦後の住宅不足の中で敗戦直後の国土に最初に考えられるべき建築として前川國男が設計した木造量産型住宅。プレファブのPRE、前川のM、小野薫（構造）のO、山陰工業のSをとってPREMOSと名付けられた。

＊6　紀伊國屋ビルディング
前川國男設計。一九六四年竣工。地上九階地下二階建ての大規模書店、小劇場、画廊などを合わせた複合ビル。待ち合わせのできる足元のスポット広場、裏道へ通り抜けられる道空間の創出など、建築の都市空間への寄与を提案した好例といえる作品。

＊7　香川県庁舎
丹下健三設計。一九五八年に旧本館（現・東館）が竣工。近代建築の原則に基づいた設計で、繊細で特徴的なファサードを持つ。同じく丹下の設計により、一九九六年に警察本部庁舎、二〇〇〇年に新本館が竣工。

［上］京都会館。会館建築の傑作だと思う。ここでも建築は2棟に分棟配置され、広場が設けられている。音楽ホールの部分はここでも前面街路から引いた位置にあり、圧迫感への配慮が感じられる。前面街路に沿っては、やはり並木。この建築も改造の話が出ていると聞く。今の日本で失われかかっている、市民のための空間、前川の精神を潰してはならないと思う。［左］ピロティを抜けて広場に入ると眺望は東山に向かって開かれている。音楽ホールのある背面の建物には一段上がった部分にも、人がたまれるテラスが設けられていて、下の広場に憩う人とともに東山が見える。

ソニービル。わずかにずらした建物によってつくられたポケット広場。さまざまのイベントが行われていることは東京人なら誰もが知っていよう。内部を4分割したスキップフロアは、とてもお洒落で斬新だった。さすが都会人、芦原だと思ったものだった。これが銀座の建築なのだ。

芦原はこのような状況にあって、建築がつくり出す外部空間こそが重要であると主張していた数少ない建築家の一人であった。一九六二年には『外部空間の構成』を出版して都市における広場の大切さを、さらには『街並みの美学』を書いて都市空間の重要性を説いたのだが、それは残念ながら建築の流れとはならなかったのである。芦原はその主張を自身のデザインした銀座のソニービルで実現してみせたのだが。このような商業、オフィスビルにおいても市民の広場をという試みは、前川により丸の内の東京海上ビルで追求されたが、成功とはいい難い結果に終わった。広場から建築単体へ、さらには超高層へという建築の流れは、六本木の東京ミッドタウンに実現した公園という一部の例外はあるものの、建築は市民のためにあるという意識を希薄化させるものであろう。内藤は広場をどう考えているのか。海の博物館の段階ではいまだ明瞭ではない。だが、続く牧野記念館、益田の芸文センターでは明示されている。いずれも形こそ違え、建築は外部空間を取り囲み、居心地のいい広場を形成しているのである。本人が意識しているかどうかそれは分からないが、市民のための広場をという点では紛れもなく内藤は前川の後継者に他ならない。これはコロンビアはメデジンの地区センター[*9]のデザインにも一貫している。

内藤の建築を手がかりに日本のモダニズム建築を再考するもう一つのポイントは、建築と樹木・木、建築と風景、自然との関係である。内藤は海の博物館以来、木を使い続けて今日に至る。木の建築こそが日本建築の伝統であり、モダニズムを日本に定着させるにあ

＊8　新宿駅の西口広場
正式名称は新宿駅西口地下広場、西口地下通路。坂倉準三設計、一九六六年竣工。地下駐車場につながる螺旋斜路の吹き抜け空間により、人々が行き交う地下広場へ光と風を導いている。

＊9　コロンビア共和国・メデジン市ベレン公園図書館
二〇〇八年竣工。教育を核と下した都市再生プロジェクトの一環として東大に設計が依頼された。内藤廣、中井祐、川添善行、東京大学景観研究室が中心となり設計。初期段階の内藤廣のスケッチを見ると、建築ではなく広場と都市の関係性から配置計画の検討を始めている。

たっても木の使い方が鍵を握ると考えているのではないか。牧野では五台山の上という立地もあって、樹木の伐採を最小限に抑え、樹林に埋もれるように建物を配置する。風景に細心の注意を払った結果でもあった。建物に囲まれた中庭にはふんだんに緑を取り入れる。隠れる建築などという、何やらキャッチコピーのような発想からのデザインではなく、立地と環境の必然性から考えられた建築なのである。その後も内藤は木にこだわり続ける。日向市駅[*10]では川口の協力を得て、地場の杉を構造材に使ってトレインシェッドをデザイン

＊10　日向市駅
内藤廣設計。二〇〇六年竣工。JR日豊本線の高架化に伴って新築された駅舎。大屋根やキャノピーの構造材に地場の日向杉の集成材を用いている

景観論争であまりに有名な東京海上ビル。建物を高層にして足元をあけ、ここを広場にという前川の考えは間違ってはいなかったと思う。しかし建物で囲まれていない広場は、実際には残部空間となり、ここで憩う人はいない。街路とのレベル差も入りにくくしている原因である。

益田の島根県芸術文化センターの中庭。いつもは薄く水が張られ、静謐な落ち着いた空間。イベント時には活気のある広場となる。（提供：内藤廣建築設計事務所）

牧野の中庭。建物に囲まれたこの空間は、牧野らしく多彩な植物と水で満たされている。心を解放できる、温かい庭である。

し、旭川駅では北海道のタモを使って壁面を仕上げる。風景への眼差しは先に触れた安曇野ちひろ美術館でも牧野でも一貫している姿勢である。

ル・コルビュジエのモダニズム建築では、緑に関しては唯一屋上庭園というテーマがあった。ル・コルビュジエが樹木、より広くとらえれば自然をどう考えていたのかは、上野の国立西洋美術館の完成当時の写真をを見れば一目瞭然のように思える。建築の素晴らしいプロポーション、その全容を見せつけるかのように建築の前面には一本の樹木もない。ル・コルビュジエの形のモダニズムの正統を受け継ぐ丹下の建築にも樹木はない。広島のピースセンター、代々木の体育館。見せる彫刻としての建築。ル・コルビュジエの正統を受け継ぐもう一人の男、前川はモダニズム建築を日本の風土に根づかせようと苦闘していた。広場や建築の前面に樹木がないのはヨーロッパでは当たり前の空間意識であり、それが伝統なのである。一方の日本では建築は常に樹木、自然とともにあるのが伝統であり、それが日本人の美意識なのである。このような文化的背景、建築観の違いを抜きに形だけを持ってくればどうなるか。それは遥か昔、明治の時代に漱石が「上滑りの近代化」[*11]と呼んだものに他ならない。

丹下の造形力、プロポーション感覚は抜群であった。だから、代々木や香川県庁舎などを見て、ここに日本流のモダニズムが定着したと錯覚したのである。芸術家、丹下だからできたのであって、その亜流がやれば日本流のモダニズムができるわけではない。結局、

＊11　上滑りの近代化
漱石は明治四四年の講演「現代日本の開化」の中で、日本の開化は、外発的であり皮相上滑りの開化であると述べた。

［上］旭川駅全景。［下］旭川駅の壁面は寄付した人びとの名前が刻印されたタモの木が飾る。（［下］提供：内藤廣建築設計事務所）

日向市駅の木。ホームのトレインシェッドと庇は構造材、コンコースにもふんだんに木が使用されている。

丹下流のモダニズムは誰にも継承されず、このスタイルのモダニズムは定着しなかったのだ。定着せずによかったと篠原は考える。なぜなら、丹下流のモダニズムは湿潤な日本の風土には耐えられないからである。日本人の感性にも耐えられないからである。丹下も、そのあとの著名建築家たちも日本流のモダニズムの伝統をつくり出せなかった。その結果が現在の日本の都市なのである。どこの国だろうかという無国籍の建築に溢れた都市。愛着も懐かしさも持てない都市。

ところで、ル・コルビュジエの弟子とされる前川の苦闘とはいかなるものだったのか。コンクリート打ち放しから多雨、湿潤な日本の気候に耐える打ち込みタイル[*12]へ。この点は建築界でつとに指摘され、知れ渡った事柄である。篠原は自身の専門である景観デザインの観点から前川の建築を点検してみた。そしてその特徴を、師匠ル・コルビュジエの五原則になぞらえて、前川の五原則としてまとめてみた（詳しくは、篠原「前川國男の五原則」[*13]を参照）。いや、その特徴ではなく前川の意志と言ったほうが正確だが。その一のピロティはル・コルビュジエそのままだが、そのピロティという方法と建築を使い、前川は屋外空間としての広場をつくり出す。この建築による広場の創出は師匠のル・コルビュジエにはない。前川はモダニズム建築にはない、しかし古典・中世のヨーロッパ伝統であった広場を戦後の日本に定着させようとしたのである。師匠の五原則が建築単体内にとどま

＊12　打ち込みタイル
風雪とともに風合いを増す窯業製品に外壁材としての可能性を見いだしていた前川が在来工法の欠点を解決すべく生み出した工法。タイルを外型枠に釘どめしコンクリートを打設することで一体的で耐久性のある外壁を実現。多くの前川建築で採用されている。

＊13　篠原修「前川國男の五原則」
二〇一〇年の土木学会景観・デザイン研究発表会で提示した、前川國男の建築の分析を五原則としてまとめたもの。①高層部セットバック②半地下③回廊・テラス④分棟・広場⑤樹林・サンクンガーデン

っていたのに対し、前川の五原則は建築による外部空間にまで広がっていこうとするものであった。前川の五原則のもう一つの重要な柱は、日本建築の伝統であった緑・自然との協働、つまりコラボレーションである。樹木をパートナーに、建築を使って前川は自身の空間をつくり上げようとする。この意志はかなり早い段階から顕著である。世田谷区役所、京都会館では前面に並木状に樹木が植えられ、建築のファサードは見え隠れとなる。ファサードをこれ見よがしに見せようという気は全くない。東京都美術館から後期の埼玉県立

ル・コルビュジエの国立西洋美術館（上野）。開館当時の写真。木は一本も植えられていない。

東京都美術館。木がふんだんに生かされていることがわかろう。

埼玉県立博物館。森の中に埋もれるように配置された建物。前川は極力木を伐採しないようにプランを考えたという。

博物館、熊本県立美術館に至るとサンクンガーデン[*14]が多用され、室内の空間からの樹木の眺めも重視されている。樹林に包まれ、守られ、室内からも緑の見える、心安らぐ建築。さらには、風景。前川の建築は樹木とともに風景を形成しようとする。ル・コルビュジエや丹下の建築が建築のみで、あたかも彫刻のように孤立した景観となるのに対し、前川の建築は樹木とともにあって極めて日本的な風景をつくり出す。樹木とともにあるその建築を眺めていると、屋敷林に囲まれた農家ではないかと郷愁にかられるほどである。本人がそんなことを考えていたかどうかは定かではないが。モダンにして日本人の郷愁を誘う建築の風景。ふと、これは東山魁夷の絵と同じではと思い当たる。東山は日本の伝統的な花鳥風月などは描かない。杉の木立を、カラマツの林を描く。また寄せては返す波を描いた。これは日本画のモダニズムである。しかし描かれた風景はまぎれもない懐かしい日本の風景であった。東山が「これでいい」と思ったように、前川も「これでいい」と思ったのではないか。この段階に至って前川は日本のモダニズム建築に確かな手応えを感じた。そう考えたい。樹木の助けを借りて、打ち込みタイルの堅固さとともに成熟し、時間の流れに抗することのできる建築。日本の誇る磁器という素材と日本人の原空間をかたちづくってきた樹木とともにある日本固有のモダニズム建築である。

新たな伝統をつくり出すためには、ある種の普遍性が必要である。ある程度以上の修練を積めば、誰にでもできる。それが伝統というものである。歌舞伎、生け花、茶道のいず

＊14 サンクンガーデン
周囲の地面より低い位置に設けられた半地下の広場や庭園のこと。

熊本県立美術館。流れるような空間のつながりとシークエンスに伴って現れる多様な樹木の表情。樹木の中に見えがくれする建築。（提供：星野裕司）

東山魁夷《道》1950年。従来の花鳥風月の日本画を刷新する画題とタッチ。しかしその絵は郷愁を感じさせる。モダニズムの日本画だと思う。（所蔵：東京国立近代美術館）

れをとってもそうであった。利休の茶のごとくに前川は日本のモダニズム建築の型をつくり出しかかっていたのだ。だがそれを引き継ぐ者がいなかったのである。海の博物館の集成材を使った架構、集成材と鉄のハイブリッドでやった日向市駅、高知駅、新しい木の仕口の倫理研修所、鋳物を使った旭川駅で、内藤は自身のモダニズム建築を求めてさまざまなデザインを試みてきた。篠原の興味は、前川のような日本のモダニズム建築の伝統を内藤が生み出せるか否かである。いや、前川の事跡にならえば、それは後継者を育てられるか否かにかかっているのだと思う。

モダニズム建築と市民の距離

話題を変えて。市民はモダニズム建築についてどう思っているのだろうか、この項ではこの点について考えてみたい。典型的であると思う二つの例で。一つは誰もが知っている東京駅舎、もう一つはあまり知られていない掛川の旧市庁舎である。

一時期、静岡県掛川市の仕事をしていたことがある。掛川城の復元や城下町ふうのデザインの仕事ではありません、念のため。市は旧三ノ丸にあった市庁舎を撤去する計画を立てていた。当時の榛村市長と現場を見て廻るとそれはまさにモダニズムの建築なのであった。設計は日建設計。昭和三〇年代であろうか。掛川の市内には、江戸時代末、明治、大正の建築が残り、復元された掛川城は（図面がなかったので正確な復元ではない）、一応江戸初期ということになる。各時代の建築が時間が積み重なるように存在してこそ都市といえるので、つまりある時代の建物しかなければ、それは史跡かあるいは伝統的建造物群保存地区、[*15] またはニュータウンになってしまう。「これを壊すと、戦後時代の証人であるモダニズム建築がなくなり、掛川の歴史に穴があきますよ」と市長に言う。「それは分かっている」。さすがに榛村さんである。そんなことは承知しているのである。「でも市民にアンケートをすると、一部でもよいから残したいという答えは皆無なんだよ」。コンクリ

＊15　伝統的建造物群保存地区
一九七五年に文化財保護法の改正により創設された文化財の制度。歴史的な集落やまち並みに対する保存修理、説明板の設置などへの補助、税制優遇措置などが行われている。歴史的なまち並み保存に主眼が置かれた制度といえる。

復元された掛川城。市民からの寄付金は莫大に集まったと聞く。城は今だに市民の誇りなのだろう。

復原された東京駅舎。RC造ではなく赤レンガ造（本当は鉄骨レンガ造）に見える点が市民に愛されるゆえんなのだと思う。

ートと鉄、ガラスのモダニズム建築は市民に全く人気がないのである。何十年も使って親しんでいたはずなのに、これほどの不人気とは予想外だった。惜しいとは思ったが、それ以上口出しすることはできなかった。市長とて本意ではなかったろうが結局市庁舎は壊された。

一方の東京駅舎。事情を知っている人間は多いと思うが、簡単におさらいしておく。昭和六二（一九八七）年、国鉄が分割民営化されJR各社となった。東京駅丸の内広場の北に隣接して建っていた国鉄本社からJR各社は、当然のことながら撤退する。東京駅の管轄はJR東日本となり、JR東日本はこの近辺に本社の用地を探す。当然の処置であろう。当初の計画では東京駅舎を壊し、その跡地に超高層ビルを建てる予定だった。何せ東京駅舎は大正三（一九一四）年の竣工、古くて使い勝手の悪い建物である。反対の火の手があがった。最初は建築史の関係者である。これはJRとて想定の範囲内であったろう。意外だったのは広範な市民がこの動きに同調したことであった。JR東にとって運のいいことに空中権売買の制度ができ、東京駅舎上空の空中権を三菱地所に売ることができたのである。この取引により東京駅の復原の費用を捻出することが可能となった。ここで疑問となるのは、なぜ市民がそれほどまでに東京駅復原に肩入れしたのだろうかという点である。篠原が考える唯一の答えは、それがモダニズム建築の素材であるコンクリートやガラスでできていないからである。東京駅舎は鉄骨レンガ造であるが、外見を見ればレンガ造の建物である。大正、レンガとくれば一般の人は赤レンガとイメージする。本当はそんなに赤くはないのだが。なぜか赤レンガは我が国では人気があって、横浜の赤れんが倉庫をはじめ、いつも話題になるのだ。日本が近代化を成し遂げた明治という時代への郷愁なのかもしれない。いや、それ以上にレンガが持つ素材感が大きいのだと思う。コンクリートや鋼鉄などの工業製品は冷く取り付く島がないのだ。土からできたレンガや木は温かみとテクスチャーが感じられる。東京駅舎がコンクリートであったら、保存運動はこれほどまでに盛り上がらなかったと思う。

ある日のこと、京都工芸繊維大の松隈洋[*16]から電話がかかってきた。用件は前川の京都会館の保存問題だった。音楽ホールの部分を改築する話が持ち上がって、保存署名に協力してくれないかという。一も二もなく賛同した。京都会館は前川が京都市民のために設計した前川の傑作の一つである。中庭の東山に開けた広場、建物に巡らされた回廊、前面街路に配慮したファサードなど。世田谷の区役所も取り壊しの危機に面しているのだという。これの保存にも賛同する。この建築も区民のためにという前川の意志が感じられる建物である。それから松隈からは次々に近代建築の危機を訴える情報が届く。松隈は近代建築一〇〇選を指定し、それを守る運動（DOCOMOMO[*17]）の中心人物の一人であるらしい。その要請を眺めていて、ある疑問を感じ始める。近代建築保存を目指す運動だからある観点に偏らずとなるのは分かるのが、設計者の設計意図には頓着していないようなのである。前川の建築にこだわっているのは、それが民主主義となった戦後の市民のためにという設

＊16　松隈洋（一九五七〜）建築家。京都工芸繊維大学教授。一九八〇〜八五年前川國男建築設計事務所に勤務。主な著書に『ルイス・カーン—構築への意思』『前川國男　現代との対話』『坂倉準三とは誰か』など。

＊17　DOCOMOMO（一九八八〜）近代建築の記録調査および保存を目的とした国際学術組織。日本支部であるDOCOMOMO Japan（二〇〇〇〜）の初代代表は鈴木博之。二代目代表は松隈洋。

計者の意志が感じられるからである。例えば、東京カテドラル[*18]の建築保存をと言われても、賛同することはないであろう（常日頃不思議でならないのはクリスチャンでもないのに、よく教会を設計できるものだと思う。また頼むほうも頼むほうだと思う。東京カテドラルにかぎらず）。

この辺りの事情を建築家、建築史の専門家はどう考えているのだろうか。建築のデザイン、形、技術に評価が偏していはしまいか。専門家としてはそれでもよいのかもしれない。しかし、一般庶民の支持なくしては建築とて存続しえないはずである。一般庶民が近代建築をどう思っているかに、もう少し敏感になってもよいのではないか。お寺、神社には相変わらず人々は詣でる。日本庭園にも人は絶えない。お城の人気は最も高い。皆、自分たちのものだと思っているからだろう。区役所や市役所だって同じはずではないかと思う。しかし自分たちのものだとは誰も思っていない。モダニズム建築にはどこかに欠陥があるのだ。日本人の琴線に触れるところがないのであろう。

このような状況にあって驚いたのは、弘前の前川建築を訪ねた折のことだった。市役所や市民会館に前川の建物を大切にする会のパンフレットが置かれていた。この会は建築家の集まりでも何でもなく、弘前市民の集まりなのである。弘前には前川の母親の関係で八つの建物が残っていて、弘前市民はそれが誇りなのである。そして「生まれた時から死ぬ時まで世話になるのだから」と半分冗談で語るのである。確かに弘前には前川の設計した

＊18　東京カテドラル聖マリア大聖堂　丹下健三設計、一九六四年竣工。戦災で焼けたカトリック東京大司教区の再建のため、一九六一年に前川國男、丹下健三、谷口吉郎の三者による指名コンペが行われた。八枚のHPシェルにより十字のトップライトを形成する丹下案が一等を獲得。

弘前市立病院があり、弘前市斎場があるのだ。一般庶民にこれほどまでに愛されている建物は倉敷の浦辺鎮太郎[*19]ぐらいのものだろうと思う、日本では。

批評の精神

平成八（一九九六）年の夏のころだった。ある建築雑誌の編集から電話があり、熊本県の牛深にできる内藤の「うしぶか海彩館」の批評を書いてくれないかという頼みだった。

＊19　浦辺鎮太郎（一九〇九〜一九九一）
建築家。倉敷生まれ。倉敷に根を下ろし故郷のまち並みや風土を考慮した設計活動を展開した。主な作品に、「大原美術館」「倉敷国際ホテル」「倉敷アイビースクエア」など。

市内の随所に置かれている前川建築のパンフレット。「前川國男の建築を大切にする会」の中心は普通の市民である。

旭川のプロジェクトで内藤と知り合いになったばかりのころである。「いいですよ」と二つ返事で引き受けた。その前にレンゾ・ピアノ[20]と岡部憲明[21]がやった牛深ハイヤ大橋はすでに見ていた。素晴らしいデザインである。内藤の海彩館は橋のたもとの低い位置にあり、規模も思ったよりずっと小さかった。独立して建っていればそれなりに映えるのだが、大きなハイヤ橋の直近では貧相に見えてしまう。高層の建物に囲まれた高松城のごときである。この時の感想を「得な橋、損な建築」と題して正直に書いた。驚いたのは原稿を出した後で次のような電話がかかってきたことである。電話の向こう側ではうれしそうにこう言っていた。「内藤さんに見せてOKをもらいました。よかったですよ、本当に」。「なに、出る前に原稿を内藤に見せた……」、それじゃあ批評にならないではないか。「クレームがついたら書き直しなのか」、いつもこうやっているのだろうか、この雑誌は。まさに村社会である。

大分前のことを苦い思い出とともに思い出していた。ある土木の雑誌創刊のころの話である。工事ばかりではなくデザインにも重点を置きたい、ついては協力をという話だった。異存はない、ありがたい話である。土木のデザインの批評欄をつくってもらいたい。健全な批評こそがデザインの水準を上げるのに最も効果がある、そう考えていたからである(今もこの考えに変わりはない)。初回は篠原が批評を担当した。何回かの連載の後、編集者が慌てて飛んできた。批評の記事に怒った某大学の先生が怒鳴りこんできたのだという。

＊20　レンゾ・ピアノ(一九三七〜)イタリア出身の世界的建築家。主な作品に「ポンピドゥー・センター」「関西国際空港旅客ターミナルビル」など。

＊21　岡部憲明(一九四七〜)建築家。神戸芸術工科大学教授。主な作品に「関西国際空港旅客ターミナルビル」「小田急ロマンスカー」など。

日本人は残念なことにデザインを批評されると、自分の存在を否定されたように思ってしまうのである。文学や論説の分野でも、我が国では古くから冷静な論戦が繰り広げられたことはないのである。「これはダメだ、やっぱり」。この批評欄は立ち消えになって終わった。今、この雑誌には土木の風景という欄があり、デザインされた事例が紹介されている。ここには事業者と設計者の意図とともに短いながらも利用者の声が掲載されている。はなはだサンプル不足ではあるが。何の批評も利用者のコメントもない建築の雑誌よりはまだ

うしぶか海彩館。よい建築なのだが大スケールのハイヤ橋のたもとにあるので貧相に見えてしまう。

牛深ハイヤ大橋。レンゾ・ピアノと岡部憲明のデザイン。素晴らしい単純。

ましかと自らを慰める。そうだ、あれは作品の紹介カタログなのだと思えばよい。どうしてこうなったかは、宮内嘉久の本を読めば分かる。彼らが編集者だったころ、そごうビル[*22]の村野藤吾を批評し、雑誌社の経営者とけんかになって編集者全員の首が飛んだのである。これは経営者の過剰適応である、お上やお偉方の気持ちを過剰に慮る日本人の習性である（詳しくは宮内の『建築ジャーナリズム無頼』参照）。これでは建築家はますます市民と遠い関係とならざるをえない。内藤が嘆いていたように建築村での自己完結。どうも建築家だけの責任ではなさそうである。この問題は建築や土木だけの問題ではない。日本人の、いや日本文化の問題であるのかもしれない。自分と自分の作品を意識の上で分離できない、自分と自分の属する集団を分離できない。これは自我論の、社会心理学の問題である。真剣に議論し始めるとこの本の範囲を超えてしまう。

その昔、太田博太郎[*23]の日本建築史を読んだ。学生のころである。昭和の末からデザインを始めてあらためて何冊かの建築史を読んだ。いつも不思議に思うのは建築単体のことばかりで、複数の建築がつくり出す街路や広場の話、あるいは風景との関係が出てこないことであった。これでは建築のデザインはできるが町や都市のデザイン、計画はできない。いつのことであったか定かではないが、高校の同級生の井出建に教えてもらって宮脇檀[*24]の本を読んだ。宮脇といえば建築学会賞をもらった松川ボックスしか知らずにいたが、宮脇は熱心に、膨大にコモン住宅地の計画、設計に取り組んでいたのだった。「知らなかった。

＊22　そごう東京店・読売会館　村野藤吾設計。一九五七年竣工。雑誌『新建築』の一九五七年八月号に掲載された、丹下の都庁舎と同作品を対比した批評が原因で編集者が全員解雇された。「新建築問題」として建築界全体を巻き込んだ事件へと発展した。

＊23　太田博太郎（一九一二〜二〇〇七）　建築史家、東京大学教授。主な著書に『日本建築史序説』『日本住宅史』など。

＊24　宮脇檀（一九三六〜一九九八）　建築家、日本大学教授。個人住宅とコモンとの関係を追求し、多くの住宅地設計を手がけた。主な作品に「松川ボックス」「シーサイドももち」など。主な著書に『日本の住宅設計』など。

なぜ建築の連中は教えてくれなかったのか」、もっと早く知っていれば。コモンの空間やまちづくりのデザインについては驚くほど冷たいのである、建築の分野は。最近知った大野勝彦[*25]のHOPEがらみのまちづくり[*26]にも。ジャーナリズムもアカデミックな建築史の分野にも問題があるのではないかと思わざるをえない。

これでは日本のまち、都市は救われない。土木でも都市は前述のように亜流中の亜流で、建築の分野でもこれでは。都市、都市という割には至って都市に冷たいのが建築家、建築史家なのである。

宮脇檀のコモン住宅地の一つの到達点、フォレステージ高幡鹿島台。宮脇は20年以上にわたって住宅地の（住宅ではない）設計を手がけ、62件もの住宅地を完成させた。これが建築史に出てこない不思議さ。

＊25　大野勝彦（一九四四〜二〇一二）建築家。プレファブ工法による住宅を開発する一方、まち並み整備や地域住宅計画（HOPE計画）など、日本各地のまちづくり計画も手がけた。

＊26　HOPE（Housing with Proper Environment地域住宅）計画（一九八三〜）市町村が地域の自然環境、伝統、文化を考慮した住宅のあり方を計画する際に利用できる国土交通省の国庫補助事業。

九章　建築と土木、そして都市工

前章を受けて、この章では建築と土木の対比論を展開してみたい。内藤と仕事を始め、内藤が東大に来なければこういうことをまじめに考えることはなかったであろう。口火を切ったのは内藤だった。

内藤の小乗論、大乗論

内藤が東大に赴任してしばらく経ったころ、正確に憶えてはいないが、「篠原さん、土木は大乗仏教で、建築は小乗仏教ですね」と言い出すのだった。これが内藤の小乗論、大乗論である。仏教に強いわけではないので、以下に述べることは不正確かもしれないが、内藤の言わんとするところを篠原なりに解釈してみたい。

小乗仏教は周知のように、仏陀から始まる初期の仏教である。いわゆる生老病死の煩悩から逃れ、悟りを開くために修行を積む。その修行は自分を救済するための修行である。あくまでも、自己救済である。これに対し、時代が下ると、自己ではなく他人を救うための仏教が起こってくる。これが大乗仏教である。小乗仏教の自らを利する「利自」に対し、大乗仏教は他者を利する「利他」である。この対比が建築と土木の対比に当てはまると内藤は言うのである。建築家は自分を救うために働き、土木のエンジニアは他人のために働くと。

世にある今の建築家を見ていると、内藤の言はなるほどと思わせるものがある。建築家は修業し、切磋琢磨し、懸命に自分を売り出そうとしているようにも見える。場合によっては、依頼主のためではなく自分のためにやっているように見える建築家も確かにいるようだ。ここまでは内藤の言わんとすることは分かる。もちろん、自分を第一にやっている建築家ばかりではあるまいが。この、いわゆるスター主義が建築界を歪め、建築家から社会性を失わせたと内藤は言いたいのだろう。自分に、建築に、閉じこもる建築家。

だが篠原の見るところ、小乗でやっている建築家はその修業で悟りを開いているのだろうか、本当に自己を救えているのだろうかと思う。自己を売り出そうと修業すればするほど、返って煩悩は増しているのではなかろうか。売れないことの迷い、焦り、スター建築家に対する妬み。悟りの心境とはちょうど逆の方向、逆のほうへ。ここらの心境は現役の建築家に聞いてみなければわからないが。

さて、内藤のいう大乗の土木に移ろう。洪水を防ぎ、橋を架け、鉄道を敷く土木のエンジニアはその仕事を他人のためにやっているのだから利他業であるという。確かに自分のためではない。そして空海の伝説ではないが、大乗仏教の僧侶はため池をつくり橋を架ける、民衆のための事業を行ってきた。支配階級のためではない土木事業は確かに大乗の利他精神の伝統を受け継いでいる。内藤は建築から土木に来て、土木の教授qの口癖である「世のため、人のため」という言葉と、「土木の本質は利他の精神だ」という発言に新鮮な驚きを感じたのであろう。確かに土木は自分のためにという仕事ではない。しかし、人とは誰のことであろうか。昔のように旱魃《かんばつ》で困っている村があり、そこに僧侶が通りかかって窮状を聞き、村人と一緒になってため池をつくり用水路を整備する。こういう利他の話なら分かりやすい。だがスケールが大きくなって、大和朝廷時代の土木はと考えると、その大規模な土木事業、例えば幹線道路の築造、藤原京や平城京の造営などの土木事業は民衆のためというよりは権力のためであったというべきだろう。確かに土木のエンジニア(当時なんと呼ばれていたのかは分からないが)は利他の精神でやっているのだろうが、結果的には権力者にとっての事業に他ならない。だから利他業という言葉で一括りにして、土木を理解したと考えるのは浅薄の誹りを免れないと思う。利他という時の、他とは誰のことを指すのかをよく考えねばならない。土木の利他の対象は、少なくとも庶民大衆と権力者の二通りがあったのだ。室町や戦国時代、あるいは江戸時代の村の道普請、川普請は自分が属する集団のための事業であり、それを助ける土木技術者の仕事は利他であったろう。しかし、領袖のための運河の開削や城の石垣築造は権力者のための土木事業であった。これを利他業ということには、抵抗がある。その領袖が自分たちを護ってくれる存在であったにしても。

我田引水にならって「我田引鉄」[*1]という言葉は明治から大正にかけて言い出された言葉で、自分たちの地域の利益のために強引に鉄道を引っ張ってくることを意味した。これなどは、その地域を栄えさす土木の利他業であろうが、国家全体から見れば、むしろ害を成

＊1　我田引鉄
鉄道が陸上交通の要であった戦前、鉄道が引かれ駅が設置されるか否かが地域の盛衰を直接左右した。そのため、政治家による地域への鉄道敷設と引き換えにその地域の票を獲得しようとする工作が行われ、この集票手法は戦後まで継承されることになる。現在においても政治的な問題の一つとなっている。

す事業であったと言わねばならない。地域の人々には、まさしく利自業であると言わねばなるまい。このような我田引鉄のたぐいの話は今に至るまで続いているから、利他業の土木は偉いと世間から手放しで尊敬されているわけではないのである。近年では公共のため（利他）にやっているのではなく、自分たちが食うため（利自）にやっているのではないかと疑われているのが官民を問わない土木の世界なのである。土木は利他の仕事だから世のため、人のためになっているのだなどと単純に考えて安心していてはならない。誰のための利他かを土木のエンジニアはよく考えねばならないのである。

ここで内藤が小乗仏教であるという建築に戻ろう。建築家は自分のためにやっているのではないかという内藤の指摘が、現代建築の一面の真理を突いているにせよ、本来の建築がそうであったとは思われない。やはり土木と同様に人々のためにあったはずである。それもやはり二様のやり方で。一つは権力者のために、一方では庶民大衆のために。前者は天皇、貴族、大名のための建築であり、後者は庶民のための住宅やお寺であった。建築が建築家のための建築であるがごときになったのは、ごく近年の現象であろう。そして今、二〇世紀以降世界を席巻している近代建築こそは、庶民大衆のためにを標榜して登場したのではなかったのか。そのル・コルビュジエ以来の精神はいつの間にか忘れ去られ、コンクリートの箱、鉄とガラスのインターナショナルスタイルという形ばかりが強調されて今日に至るのである。そのためであろうか、いつの時からか近代建築は資本のための建築となり、さらには建築家のための建築と成り下がったのである。

もっともその素地は、ステータスを持つ建築家が尊敬される歴史に根差していたということもできよう。世界のどの国においても尊敬される建築家は、王侯貴族の宮殿、大教会を手がける人物であり、庶民の建物を建てたのは名もない大工であったのだから。近世までの日本の歴史もその例にもれないが、明治以降の近代建築はそれに輪をかけた。本書の冒頭にも述べたように明治政府が建築家に求めたのは、西欧に見せても恥ずかしくない様式を操ることのできる建築家であり、国家のための装飾建築をこなす建築家であった。それが第二次世界大戦を前後して近代建築の時代となるのだが、戦前の体質は変わらなかったというべきなのであろうか。庶民大衆のための建築、例えば前川國男の建築は、国家のための建築、例えば丹下健三の建築にとって替わられたのである。そして現代の産業、金融、デベロッパーのために尽くす建築へ。

内藤の言、建築は利自業であるに居直られては困る。建築とて本来は利他業なのであるから。ただここからが難しいところで、いかに庶民、大衆の利にはならない王侯貴族や資本のための建築であっても、庶民、大衆はそれに憧れるという歴史的な事実があることである。長い目でみれば豪華にデザインされた建築は、当初の利の対象を超えて、庶民大衆をも楽しませる利他業となるということなのであろうか。

文明と土木、建築

「篠原君、土木をまとめるものは何なのだろうね」。ずいぶんと昔のことになるが、これが中村良夫の問いかけであった。あるいは「土木を貫くものとは」。土木という分野は、これまで再々書いてきたように鉄道、道路、河川、ダム、港湾、橋梁という具合にさまざまな対象を扱い、まとまりが見え難い。建築ならさまざまな用途があるとはいえ、建物を建てるのが専門だと分かりやすい。同じ工学部の機械や電気も対象が明快である。ただし、中村が問うたのは対象のことではない。よって立つ理論は何だろうと言いたかったのである。機械なら力学、電気なら電磁気学である。「やっぱり力学だろうか」と自問するように言う。うまく答えられなかった。橋は確かに力学であり、河川も港湾も力学の一つの分野の流体力学である。鉄道も道路も基礎の一つは土質力学である。ただし計画、特に公共事業の投資計画ともなると、これは力学ではなくB／Cなどの投資効果を計る公共経済学である。また交通の分野では道路をどうつくるかというハードよりもどう交通をコントロールするかという情報理論やシステム工学のほうが今や重要である。力学では到底カバーしきれないのである。ましてや篠原が専門とする景観工学では認知科学や視知覚心理学、社会学や美学の知識が不可欠なのである。

学問の視点から土木をまとめるのは諦めて、別の観点から土木とは何かを考えてみようとした。それは「土木の仕事」「土木の教育」「土木の将来」というかたちで書いたことがある（篠原「土木という仕事」参照）。それは文明との関係で土木を論じたものである。その要点をここでも述べてみよう。ただし、文明を本格的に論じ始めると大変なことになるので、以下ではいささか荒っぽい議論になることを勘弁してもらいたい。

梅棹忠夫[*2]によれば、文明はそれを支えるハードの装置系と、ソフトの運用系の両輪によって成り立っている。例えば、蒸気機関の発明により機械文明が始まる。その一つの応用である鉄道によって一九世紀には国家が発展する。この時代を牽引したものを鉄道文明と呼ぶとすると、この鉄道文明の装置系を支えたのは土木と機械であった。蒸気機関車をはじめとする車両は機械が、線路やトンネル、橋梁は土木が担当したのである。文明の要請に応える、文明を支えるのが土木の仕事であった。時代を戦後に移すと時代を牽引する文明は鉄道から自動車に移る。このモータリゼーション文明の装置の代表は高速道路である。ここでも土木の役割はその高速道路をつくり、支える仕事なのであった。やはりトンネルを掘り、橋を架け、維持管理を引き受ける。時代を思い切って遡らせ、弥生時代の文明を点検すれば、それは水田稲作文明であった。ここでも土木はその文明を支えていた。山間にため池を築造し、堰をつくって川から水を引き、あるいは干拓して水田を拓く。今日では農業土木といわれるこの水利技術はかつての土木の主流であった。以上の例で見たように、それがいかなる文明であるにせよ、土木は常に文明を装置系の面から支え続けてきたのである。

＊2　梅棹忠夫（一九二〇〜二〇一〇）京都大学教授。専門は文化人類学、民族学、生態学など多岐にわたる。主な著書に『文明の生態史観序説』『歴史と文明の探求』『地球時代の人類学』など。

つまり、よく言うと土木は文明を支える仕事である、しかし悪く言えば、文明が命ずる装置を従順につくり出す土木は文明の忠実な下僕である。主人は文明であり、土木はその家来である。主人に逆らうことはできないのだ。土木が文明に逆らったことがあるだろうか。ローマ文明の時代から今に至るまで、時代を思い出しながら点検してみる。「ない」、それが篠原の今のところの結論である。今回の東日本大震災で問題になっている原発に関しても、それは危険だからやめたほうがよい、などという話は土木では聞いたことはない。原子力文明にも土木は逆らえないのである。もっともこれは土木に限られない工学に共通する下僕意識であるが。

主人たる文明の存在が社会に広く認められ、その文明が指し示す方向に疑問が抱かれることのなかった時代、それは科学技術の発展に疑問が持たれなかった今までの時代に他ならないが、主人に仕える下僕にとっても幸福な時代であった。しかし、一度主人たる文明が世論に叩かれ、迷い始めると、下僕はどうしてよいのか分からなくなる。なぜなら、主人に従ってやってきた下僕には自分で考えるという習慣がないのだから。

今の土木界が混迷の時代を迎えているのは、私見によれば、談合で叩かれ、公共事業むだ遣い論の批判にさらされているゆえではない。それは表層の問題であって、根本的には自分で自分の方向を打ち出せない思考停止の体質があるのだと思う。明治以来の主人たる近代文明に従っていれば間違いはないという、一〇〇年以上の歴史が培った結果だといえばそれまでであるが。この思考停止という習慣を変えるのは容易なことではない。しかし、原子力文明も、大量生産・大量消費文明も、より一般的にいえば高度資本主義文明がもはや頼りにならない主人であることが分かった現在となっては、主人探しにアタフタするよりも自分で自分の方向を考え始めたほうがよかろうと思うのだ。では、その糸口はどこにあるのか。糸口を見つける課題は土木のそれぞれの分野で地道に考え始めるほかはない。しかし手がかりがないわけではない。人類の生存を脅かす問題になりつつある地球温暖化、人口の爆発的な増加に伴う食料問題、エネルギーの枯渇、地震や津波に代表される自然の大災害という問題など。現代という時代は土木にとっての混迷の時代であるが、見方を変えれば考える課題が山積みの時代とは下僕の地位を脱するチャンスの時代であるということもできる。それには先に述べたように自分で考える自発性を取り戻すことが第一歩になるはずである。世を騒がす各種の文明論に惑わされて、どこにくっついていこうかとウロウロしてはならない。

それなりに自分で考えるという習慣がかつての土木に皆無だったわけではない。その代表例はかつての河川の洪水対策に見られる。近代の連続堤以前の時代は土木技術者が自らが考え、工夫していた時代であった。もちろん、江戸時代や戦国時代にも土木は城や城下町、田畑を守れという近世文明の要請を受けていた。しかしその文明の要請を鵜呑みにしていたわけではなく、自身で考え土木なりの現実策を考えていたのである。それが浸水し

＊3　霞堤
予め切れ目を入れた不連続の堤防。不連続部周辺の堤内側は、予め浸水を予想されている遊水地で、それにより洪水時の増水による堤への一方的負荷を軽減し、決壊を防ぐ。洪水で運ばれる肥沃な土壌は農地に堆積し、農業にも利用される。信玄堤などが有名。

ても壊滅的な被害を受けないという霞堤[*3]や遊水地[*4]、越流堤[*5]などの施設であり、水防林[*6]の植栽であった。これらの施設や植栽は、洪水を防げという文明の命令に盲目的に従うことなく、自らの技術の限界を冷静に判断して、河川の技術者が考え出した知恵であった。この伝統は近代文明の要求、つまり都市も工場も宅地も完璧に守れという命令に押し切られてしまう。その結果は洪水を一滴も漏らさないとする連続堤[*7]の河川工事となって現れる。近代文明に逆らうことをせず、技術力、機械力によって要請に応えようとしたのである。この結果が、周知の明治以来の何回もの大水害となって繰り返されるのである。今回の東日本大震災の津波によって破壊された巨大防潮堤も主人に言われるままにつくられたものだった。自発性を持って考えるなら、それは無理ですと主人の近代文明に言うべきだったのだ。自然の大災害をハードの土木施設のみで防ぐことはできませんと。文明は、特に科学技術を全面的に押し立てる近代文明は、無理難題を下僕たる土木に押しつけてくる。文明あってこその土木だからこれを無碍にすることはできない。しかしその要求に何の反論もなく従っていたのでは、最終的に庶民大衆の信頼を失うことになるだろう。今回の津波もそうだった。そしてその自発性の欠如は結果的には現代文明の行方を危うくする結果となるのである。文明を自らが創造することは無理だとしても、自発性を持てば文明が要求する無理難題に逆らうことぐらいはできるはずである。

　河川だけではない。戦後のモータリゼーション文明は土木に高速道路の建設を命じてき

＊4　遊水地
洪水時の河川の流水を一時的に氾濫させる土地のこと。治水機能を表す場合は遊水池ということもある。

＊5　越流堤
高さを低くし、洪水流をそこから越流させて河道の外部に導くための堤防。水位がその高さを越えると越流するようになっている。下流平野部の洪水被害を防止、軽減する目的で川沿いの土地利用度の低い土地に洪水流を導く場合などに設けられる。

＊6　水防林
河岸の侵食を防止するとともに土砂礫をふるい分け、堤内側への土砂流の流入を食い止め、災害時の耕地や家屋の被害を軽減する役割を果たす。

＊7　連続堤
水流に沿い連続して設けられる堤防。

た。高速道路の設計規格とその大規模性は地形の大ぶりなヨーロッパ大陸にあっては無理のない要求であった。だが地形のひだがこまやかな日本にあっては、かなりの難題であった。この難題に黎明期の道路エンジニアは何とか応えようと奮闘する。文明が要求するスピードを満たしつつ国土の自然と景観を守るための奮闘。名神[*8]、東名[*9]までの土木の努力は賞賛に値する成果をあげた。だが中央道以降それは自然と景観の破壊となってしまう。中央高速[*10]はコンクリートの法面だらけで、口の悪い人に言わせると「動物園の猿山かこれは」となってしまった。コストの圧力に負けてこうなってしまったのだ。文明の利便性を享受することはいいとしても、自然や景観を結果的に破壊する命令には逆らうべきであったと思う。法面ではなくトンネルでなければやりませんというように。それはコスト高にはなるが土木が下僕ではないことの証になったはずである。

　今回の東日本大震災後のさまざまな文明試論にも盲目的に従っていては、かっての土木の失敗を繰り返すだけに終わるだろうことは目に見えている。喧伝されている自然再生エネルギーを志向する文明の命ずるところに盲目的に従ってはならない。風力発電や太陽光発電の装置が我々の生活と日本の自然、風景を破壊するものにならぬかどうか、土木なりの自発性を持って考えねばならないと思う。盲目的に主人に仕える江戸時代の家臣や、明治の忠君愛国の臣民ではなく、室町時代、戦国時代の武士団のように自らの論理によって主人を選ぶ時代なのだと心得たいものである。

＊8　名神高速道路
名古屋・神戸を結び、東名高速に直結する高速道路。一九六五年、小牧IC・西宮ICの全線が開通。アウトバーンの設計・建設に従事したドイツ人技師を招聘するなど、運転者の快適性や風景との調和を考慮した立体的な道路線形検討が行われた。

＊9　東名高速道路
東京・名古屋を東海道に沿って結ぶ高速道路。一九六九年、東京IC・小牧ICの全線が開通。名神同様、線形設計や植栽検討、法面処理などについて、地形と調和した道路を目指した様々な工夫が行われた。技術検討委員に田中豊など。

＊10　中央自動車道
東京・名古屋を甲州街道・中山道に沿って結ぶ高速道路。一九八二年、高井戸IC・小牧ICの全線が開通。

さて、一方の建築は文明とどう付き合ってきたのだろうか。明治政府は文明開花によって国家を近代化しようと考えた。この移入西欧文明が建築に命じたのは、近代国家たることを示す様式建築の装飾を実現することだった。ジョサイア・コンドルの鹿鳴館[*11]、同じコンドルの指揮する丸の内の一丁ロンドン[*12]などがその代表例である。この主人の命令に忠実に、コンドルの弟子の辰野金吾は日本銀行、東京駅舎を設計する。西欧の様式建築を模倣する時代は、昭和の軍国主義の台頭とともに大東亜共栄圏を体現しようとする帝冠様式にとって替わられる。これもやはり、主人の命令に忠実に従った結果に他ならない。やはり、戦前という時代は建築にとっても下僕の時代であった。

このような下僕の建築に異をとなえたのが、フランスのル・コルビュジエの下で修業し、帰国した前川國男であった。帝室博物館のコンペに負けるのを覚悟でモダニズムで応募したのは有名な話であろう。その檄文「負ければ賊軍」に前川の反骨精神がよく表れている。前川は主人たる文明（国家）に反抗した近代建築家の第一号であったと思う。前川に続く丹下はより巧妙だった。丹下は前川のように正面きって反逆はしない。主人には大筋で従いつつ自分の意思を通す戦術をとる。言いなりではない。戦前の大東亜共栄圏のコンペ、戦後の広島の戦没者慰霊のピースセンター、東京オリンピックの代々木の体育館、大阪万博のお祭り広場など。これが可能となったのは、一にかかって丹下のデザイン力である。

＊11　鹿鳴館
ジョサイア・コンドル設計。一八八三年竣工。一九四〇年解体。外国からの賓客や外交官を接待するために明治政府によって建てられた社交場。

＊12　丸の内一丁ロンドン
一八九四年に丸の内最初のオフィスビル・三菱一号館が竣工。これを皮切りにロンドンのロンバード街にならった赤レンガ街が建設され、一丁倫敦（ろんどん）といわれるようになった。

丹下なりの美学の追求は丹下の自発性に基づき、これは主人とても抑え込むことはできなかったのである。この丹下以降、主人たる文明の命令に従いつつも自己の意思を通すという、戦後の建築家の途が開けたのだと考える。この意思を通すというやり方が嵩じて、主人不在の建築家のための建築となっていったのかもしれない。戦後の建築家は丹下に感謝しなければなるまい。いってみれば、面従腹背のずるいやり方ではある。

つまり戦後の建築は、土木のように主人に盲目的に従うのではなく、従いつつも自己のやりたいことはやるという途を切り開いたのである。土木のような下僕ではなく、忠実を装ったずる賢い家臣といったところだろうか。しかしこの家臣も土木と同様、主人に逆らってこんなことはやめましょうと言ったことはない。建築も文明という主人なしには生きていけないからである。その結果、高度成長という経済至上の文明であった一九六〇年代、七〇年代を主導した国家や自治体という権力から、建築は主人を高度資本主義の主役に乗り換えていく。地所、不動産、Mビルの超高層へ、都市の大規模再開発へという具合に。このやり方は、高度資本主義という主人にとっても、その家臣ある建築にとっても満足のいくものだった。主人の商売はうまくいき、建築家は社会的なステータスを手に入れたのだから。

もちろん、前川が考えていたような庶民大衆のための建築が途絶えたわけではなかった。六〇年代から始まる住宅公団による庶民向けの団地、それに続くニュータウン開発。しかしその試みは、戦前の田園調布や成城学園、国立のような評価を獲得することはできなかった。庶民が愛着を持って住み続けようと考える住宅地の提供には成功しなかったと言わざるをえない。しかし地道な努力が続けられていたことを、最近になって知る。一貫してプレファブを手がけていた大野勝彦によるまちづくりや宮脇檀によるコモンを重視した住宅地開発である。しかしどの建築史の本を見ても、彼らの計画、設計活動は出てこないのだ。あたかもそれは建築ではないと言っているに等しい。HOPE計画もそれに等しい扱いを受けている。このような評価を見ていると、建築は自らその領域を狭めているのだ考えざるをえない。

だが、幸いなことに建築には主人たる文明に抗う支点を持っている。それは、ここまで再三にわたって述べてきた「美しいものを」というデザインの支点である。この点が建築と土木を分ける決定的な相違である。土木においてこのような、文明に抗う支点を持ちうるとすれば、それは何であろうか。自然の大災害をテコとする防災の支点か、あるいは温暖化を防ごうとする省資源、省エネの支点であろう。しかし、その道程はそう容易ではない。デザインの支点は高度資本主義を体現する施主によって容易にねじ曲げられ、防災の思想も高度資本主義を享受する国民によりバランスを欠いたものに転落する。土木の自発性は、今、東日本大震災の復興で試されようとしているのだろう。景観とデザインを専門とする篠原をはじめとする土木の景観グループは、無理難題を押しつけてくる高度資本主義文明に、「風景を守るという思想」と「美しいものをつくる」デザインという支点で抗おうと考える。

普請と作事

ここでは日本において建築と土木がなぜ今のような役割分担になっているのかを考えてみたい。そしてさらにはそのメリット、デメリットをも。周知のように明治の日本がお手本にしたのは、先進国のアメリカとイギリス、フランス、ドイツなどだった。これらの国ではその分野区分はいずれもArchitectureとCivil Engineeringであり、それを担う専門家はArchitectとCivil Engineerである。このアメリカ以下の国ではArchitect、Civil Engineerがどう位置づけられているかというとArchitectは意匠（デザイン）、Civil Engineerは構造となっている。であるからArchitectは橋やダムなどのデザインもするし、もちろん建物のデザインもする。一方のCivil Engineerは橋やダムなどの土木施設の構造を担当し、建物の構造も担当する。つまり、意匠と構造という役割で職能を分けているのである。この職能の区分は、建設材料として鉄が登場した時期から始まったといわれている。それまではArchitectがすべての建造物を、つまり建築、土木の別なく設計、施工していたのである。鉄が登場した時点になって、その構造計算を行う専門家、すなわEngineerがArchitectからスピンアウトしたのである。それまでの建造物はレンガ造、石造であったから厳密な計算は不要で、経験に基づく施工で事足りていたのである。このArchitectureとCivil Engineeringという言葉が入ってきた時、工部大学校、東京大学では、これを「造家と土木」とした。造家は文字どおりであるが、土木は中国の「築土構木」からとったという。のちにArchitectureの訳は造家では不適切だとして、伊東忠太がこれを「建築」と改めたのは有名な話である。こういう名称の話はともかくとして、仕事の分担は日本独自のものとなってしまった。建築は建物、土木はそれ以外の公共構造物、道路、河川、港湾などとなったのである。つまり、扱う対象で職能を分けたのである。建築や土木の名称についての議論はよく目にするのだが、なぜ対象で分けたのかの議論はあまりないように思う。以下は篠原の確たる資料に基づかない私見である。

明治以前の近世日本にはすでに普請と作事[*13]という仕事を区別する言葉があった。普請とは川普請、道普請という言葉で使われ、川や道を修繕し、あるいは維持管理する行為を指していた。当然一人ではできないので、その作業は共同となる。建築にも普請という言い方はある。この家は安普請だというように。この場合は専門家ではない素人の仕事という意味合いが入っていることに注意したい。一方の作事という言い方は道や川には使われない。作事はあくまでも、建築に適用される言い方である。このような言葉の使われ方を反映してか、藩や江戸幕府の役職には普請奉行、作事奉行の別があった。築城を例にとると、普請奉行は縄張り（敷地計画）とお濠、運河などの水路、排水網の設計、工事を行い、さ

＊13　普請と作事
普請とは江戸時代の町奉行単位での社会基盤整備。主に大工、鳶、木材商などによる道や石垣、井戸、上水道の木管の敷設や排水溝、橋梁建設、埋め立て、治水や護岸工事のこと。現在の土木工事。作事とは殿舎、邸宅等を築造すること。現在の建築工事。

らに城の石垣を担当する。つまり、インフラ施設と建物の基盤を担当するのが普請奉行であった。この基盤の上に本丸、天守、御殿などの建物を設計、工事するのが作事奉行であった。この普請と作事を担当する人物を見ると、普請には武士があたり（つまり直轄）、作事も当初は武士だったかもしれぬが次第に民間の棟梁（建築技術者の集団）に委ねられるようになる。甲良[*14]、中井[*15]などの有名な棟梁が知られていよう。

こういう制度がすでに確立していたので、西欧からArchitectureとCivil Engineeringという言葉が入ってきた時に、ああこれは普請と作事のことだと考え、その役割を従来どおり対象で分けたのであろう。しかし普請、作事では古くさいから、名称を土木、造家としたのであろうと考える。

ただし明治政府が造家に期待したのは西欧流の様式建築であったから、当時の造家、建築の役割は意匠であった。構造は弱体でその部分は土木のエンジニアが担っていた。明治、大正に活躍した橋梁エンジニアの樺島正義などは建築構造の仕事をしていたし、建築の意匠もやった阿部美樹志[*16]は土木の構造から出発し、建築家と組んで建築の構造を数多く手がけている。日本においても明治の当初は西欧流の役割分担であったわけである。この役割分担に変化が現れるのは、建築に佐野利器が登場して以来であろう。東大教授だった佐野は「色や形は女子供の仕事」と言い放ち、建築構造、特に耐震構造の研究に力を入れる。これ以降、建築の分野でも構造が一つの重要な柱となる。そしてさらには、ＲＣ構造の建

＊14　甲良豊後守宗廣（一五七四〜一六四六）
大工の棟梁。幕府作事方大棟梁。一六三六年の日光東照宮寛永の大造替には一門を率いて努めた。

＊15　中井正清（一五六五〜一六一九）
大工の棟梁。初代京都大工頭、関ヶ原の戦い以降徳川家康に作事方として仕え、江戸の町割りなども行った。主な仕事に「二条城」「江戸城」「駿府城・天守」「日光東照宮」など。

＊16　阿部美樹志（一八八三〜一九六五）
土木エンジニア、建築家。アメリカで鉄筋コンクリート構造に関する研究で学位を取得。橋梁設計、建築の双方において活躍した。戦後は戦災復興員総裁を務めた。主な作品に「東京－万世橋間鉄道高架」「西宮球場」など。

物が普及するにつれ、空調が不可欠の要素となり始める。ここに至って、現在の建築の設計体制が確立する。即ち、建築家（意匠）、建築構造、設備の三者による設計である。西欧流にいえば、構造と設備の担当者は建築家ではなくエンジニアなのである、いかに建築学科を出ていようとも。この体制の確立に対応して建築学科の教師は、意匠よりも構造や設備のほうが多いという日本独特の構成となっているのである。

この日本的な建築のあり方をどう評価したらよいだろうか。以前は型どおりに、つまり西欧を基準におかしいと考えていた。しかし数多くの日本の建築家が国際的に活躍して評価され、西欧の建築教育を受けた、つまり構造を習わない建築家が構造的に無理を重ねた設計（例えば横浜の大さん橋）を行うのを見るにつけ、構造や設備の教育をも受ける日本の建築のほうが健全ではないかと思うようになった。日本の建築教育は成功だったのかもしれない。その一方で不幸だったのは土木であったと考えざるをえない。建築は途中から構造と設備を加え、自己完結でやれるようになった。土木の助けを必要としなくなったのである。構造から出発した土木は、建築のように必要とする分野を付け加えることをしなかった。その結果、土木は今に至っても構造のみで、意匠の人材を欠いているのである。対象で分野を分けてしまったので、土木のデザインに建築の意匠の応援を頼むわけにもいかないし、建築家もそれを自分の仕事だとは考えていないのである。つまり、建築と対比すると土木は、デザイン（意匠）を欠いた片肺飛行であると言わざるをえない。日本に長らくデザイン的に優れた橋や水辺が生まれなかった理由の一端はこの点にある。

国土や都市の景観に最も大きな影響を与える土木構造物にデザインが欠けている、このような情況は景観を重視する西欧諸国では考えられない事態である。橋や道路、河川などのインフラを美しく仕上げ、後世への資産とするためには、建築や土木といった縄張りにとらわれていてはならないと考える。ではどのような途があるのだろうか。とりうる途は次の三つであろう。第一の途は、建築の建築家（意匠）に土木のデザインの門戸を開放することである。土木はひと口に土木とはいっても、道路と鉄道では設計の基準が異なるし、ましてや河川や港湾ではよって立つ理論が違う。建築のように汎用性はきかないのである。だから建築家は当初戸惑うであろうが、やってやれないことはないだろう。西欧ではやっているのだから。イタリア・アルプスにダムの視察に行った折に紹介されたのは、ダムのデザインを専門とする設計事務所の建築家だった。聞くとル・コルビュジエの弟子筋にあたるのだという。建築家の間でも住宅、オフィスなどと得意分野が分かれているように、街路の建築家、ダムの建築家となっていくのかもしれない。ただし、現在の建築のありようを見ていると、何パーセントの建築家が土木のデザインをやれるだろうかと心配にはなる。現在の建築家は建築を消耗品のように考えているのではないかと思うからだ。橋をはじめとする土木構造物には少なくとも五〇年の耐久性が求められているのである。そのような長寿命を前提とするデザインが今の建築家にできるだろうかという不安である。

第二の途は、現在に至ってようやく増加しつつある土木デザインの専門家を支援、強化していく途である。篠原はこの土木デザインの専門家をEngineer Architectと位置づけ（Engineeringをベースに Architecture（意匠）を行う人物）、そのグループを「エンジニア・アーキテクト協会」[*17]として二〇一〇年に発足させた。日本建築家協会と同様の土木デザインのプロ集団としたいと願ってのことである。入会資格は厳しく、土木学会のデザイン賞や田中賞、あるいはGマークのデザイン賞を受けた人物に限っている。二〇一二年六月現在で、会員は四〇名ほどしかいない。明治以来の仕分けが対象別になって、もはや一〇〇年の歴史がある以上最も現実的な途かもしれないと考える。

第三の途は、建築と土木を再統合する途である。つまりArchitectからEngineerがスピンアウトする以前の状態に戻す。昔は当たり前であったトータリティを取り戻すべきだという考えである。建造物を眺め、利用する市民、国民にとっては土木も建築もない。どのような職能がやろうともよいものができればいいのだから。統合された「新建築学科」のコースは意匠・歴史、構造・材料、流体（設備を含む）の三コースとなろう。この抜本的な改革は、しかし難しいだろう。なぜなら、西欧的な定義ではエンジニアである建築の構造、設備の人間が反対するであろうから。篠原が思うに彼らは社会的には建築家であると称していたいのである。

＊17　エンジニア・アーキテクト協会　これまでの土木設計の枠組みから脱却した景観・デザインの精鋭的プロ集団を標榜し、公共施設設計において高質のデザインを提供できる人材を支援する組織。総合的なまちづくりや空間デザインの領域において、質の高い社会資産を創造し、国民・市民の利益を守って文化的貢献を果たすことを目的としている。

以上のいずれの途をとるにしても、土木にデザインが欠けている情況を何とかしなければならないのは確かだと考える。それは市民、国民にとっての不幸なのだから。

都市工について

一九六二（昭和三七）年、東大工学部に都市工学科[*18]が設立される。俗に建設系といわれる土木、建築に加えて第三の学科ができたのである。篠原が知っている限りで、その事情を以下に簡単に述べておこう。一九六〇年代という時代は、六〇年安保が終わり池田内閣がぶち上げた所得倍増のスローガンのもと、高度成長真っ只中という時代だった。人口は都市へ都市へと流動し本格的な大都市の時代が来ようとしていた。先を読む眼を持っていた丹下健三が、「東京計画１９６０」[*19]を世に問うていた時代である。明治以来の国家のためのインフラを担う土木、個々の建物を設計する建築のみでは、来るべき大都市の時代に対応できないことは明らかだった。従来からの土木、建築の仕切りを超えたより総合的な職能が求められたのである。

当初の構想には二つの流れがあった。その一は建築学科の構想で、建築から都市計画、都市設計、住宅地計画などをスピンアウトさせて「都市計画学科」を設立しようというものだった。その二は土木工学科の構想で、土木から上水道、下水道などの都市施設に特化した講座をスピンアウトさせて「衛生工学科」を設立しようとするものだった。この二つ

＊18　東京大学工学部都市工学科
一九六二年、都市のフィジカルプランナー（すなわち物質的・空間的存在によって形成される諸環境の計画とデザインを行う者）の教育・養成を目的に設置。その対象領域は都市を中心としながらも、都市的生活領域の拡大や全地球的都市化に伴い、農山漁村を含む地方圏や国土全体、さらには地球環境全体に及ぶ。

＊19　東京計画１９６０
一九六一年に丹下が研究室の若いメンバーとともに発表した都市構造改革の提案。高度成長期の人口増加に伴い、東京における「求心型放射状の閉じた都市構造」が耐え切れなくなるとして、新たに都心から東京湾を越え木更方面へと延びる「線形平行射状の開いた都市構造」を提案している。

の構想が合体して、計画系五講座、衛生系三講座の「都市工学科」となったのである。衛生系はすべてが土木から、計画系には土木から交通が入って、都市防災、都市計画、都市設計、住宅地計画、都市交通の講座編成となった。結果を見れば建築、土木ともに四講座の増となっている。権限争いとはこんなものかもしれない。

都市計画には高山英華、都市設計には丹下健三、他の計画系講座には建設省、住宅公団からの人材補給であった。昭和四一（一九六六）年、第一期生卒業。篠原が都市工に進学していれば三期生ということになる。昭和四一年の駒場における進学ガイダンスには丹下が来て、都市工のPRをしていた。例の蝶ネクタイのスタイルで教壇に立っていた。よく憶えているシーンだ。魅力的だった。迷った挙句にスターの丹下ではなく、温厚な八十島を選んで土木に進学したのではあったが。あの時に都市工を選んでいたらどうなっていたかと思うことはのちに何回もあった。篠原は単細胞だから、昭和四三（一九六八）年の秋から本格化した東大闘争により間違いなく監獄に入っていただろうと考える。東大闘争の発端は医学部であったが、工学部で一番激しかったのが都市工であったから。なぜ都市工であったかというと、それは学生の扱いと研究室運営に問題があったからである。特に丹下研究室。丹下は自分の設計事務所の所員、大学の学生、院生の区別なく仕事をさせていたのだった。当時院生だった加藤源の弁によれば、その区別は全く分からなかったという。このようなやり方に学生、院生が反発したのである。要するに学生をチープレーバーとしてこき使っているということである。

丹下、いや一流の建築家としてみれば、こんな反発は予想外のことであったに違いない。今でもいくつかの建築設計事務所では所員は修業させてやっている存在で、安月給は当たり前、ところによっては無給なのである。丹下に悪意があったとは思われない。ただ世間の常識からいうと、床代、光熱費、水道代タダの大学の施設を使って設計活動を行うのは民業（民間の設計事務所）圧迫であり、問題であることは確かであろう。プロフェッサーアーキテクト（大学教授の建築家）に倫理観が求められるゆえんである。

通常、民間の設計事務所でやっていれば、クライアントが甲、設計事務所は乙となってその立場は弱い。大学教授、特に東大、京大の教授ともなれば世間の信頼は抜群であり、設計活動に多大のメリットがあることは言うまでもない。こういうプロフェッサーアーキテクトのやり方を批判して、「大学教授ほど汚いヤツはいない」と言ったのが前川國男であった。誰のことを指して言ったのかは定かではない。しかし、丹下を指して言ったのであろうことは容易に想像がつく。その前川は大学の教職につくことはなかったのだ（ただし、日大の非常勤はやっていた。日大全共闘を激励にも行っている）。

この都市工東大闘争の影響は大きく、有能な学生、院生、助手は大学を辞めるか、逮捕されて辞めざるをえなくなった。これらの逮捕された人間の弁護に立ったのが、丹下の下の助教授だった大谷幸夫である。また建築の教授たちであった。その結果、逮捕されたかっての闘士たちは大学の教師となり、あるいは都市計画のコンサルタントのボスとなっていくのである。もし東大闘争なかりせば、以下は篠原の勝手な推測である。

建築と土木の溝を埋める最も重要なポジションは都市設計であったと思う。初代の丹下、二代目の大谷の後を受け継ぐと衆目の一致する人物は、当時助手だったrである。しかしrは助手共闘で活動し、大学を辞めた。追われたのか、自分の意思で辞めたのかは本人に確かめたわけではないから定かではない。三代目は先に書いた定さんが継ぎ、その後が切れてしまったのである。その結果、現在の都市設計はまち並み保存系の人間がそのポストについている。これはもちろん冗談だが、俺が最適任ではないかと篠原は言っていたこともある。せっかく都市工をつくったのに、都市に取り組む都市設計の人材が都市工からは出ない、これは不幸なことではないか。初代の丹下、二代目の大谷までは、その評価は別にして都市設計をテーマとして実践に教育にと活動していたのだから。

東大の都市工に続いて、東工大と筑波大に社会工学科が設置される。名称こそ違え都市を専門とする学科であった。筑波大の詳細は知らないが、東工大の社工は都市工より欲張った講座編成で従来の建築、土木に加え経済や社会学を取り込んでいた。都市をハードのみでとらえずその経営までに踏み込もうと考えるなら、こういう講座編成にするのは当然の処置と言わねばならない。教授連が初代のうちは問題は顕在化しなかった。恩師の鈴木忠義がその初代教授の一人で、その様子を聞いていたからだ。鈴木は東大の都市工から東工大の土木を経て、社工に移っていた。問題は二代目に移ってからだった。都市工にしろ社工にしろ新興の学科だから、すぐに次を継ぐ人材育成の母体というものがない。人材の供給源は既設の建築や土木、経済学、社会学に求めざるをえない。こういう既存の学科から見れば社工は亜流のポストである。本流に立ちたい人間は行きたがらない。普通の人間ならそう考える。初代はそういう既存の殻を不満に思って飛び出してきた人間だったから、勢いも違うし、お互いに意気に感ずるところもあったろう。二代目からは難しいのだ。そしてさらに大学の先生にとっては極めて重要な業績の評価という問題が立ち塞がる。都市工も社工も全国的には稀な存在だから、業績の評価はどうしても出身の学問分野に頼らざるをえない。社工にいるとはいっても尻尾は建築、土木、経済、社会学につながっているのである。当たり前のことではあるが、評価基準は分野によって異なる。業績を挙げようとすれば、まだ設定されていない社工の基準よりも従来からの分野の基準を尊重したほうが無難だということになる。すでに身分が安泰な教授はともかく、助教授以下の教官はどうしてもそちらに傾かざるをえない。その分野間の評価基準の深い溝が文系の経済、社会学と理系の建築、土木との間に横たわっているのだ。社工という理念は高かったのだが、組織体としての運営は極めて難しかったのである。社風、いや学風の違いはそう簡単には乗り越え難かった。今、社工はハード系の建築、土木とソフト系の経済、社会学に分裂しかかっていると聞く。

東大、東工大、筑波の三学科にとって不幸だったのは、この三学科で都市を対象とする学科の増設が打ち切られてしまったことだった。政府は都市工、社工をより広く全国に設置する予定であったと聞く。それが打ち切られたのは東大闘争の影響だったといわれている。都市工がその震源地の一つであったから。東大入試を中止に追い込むような学科はあぶない。これは風聞の域を出ないが、篠原はそうであったろうと考えている。その結果、全国一〇〇校にならんとする、かつての国立大学のうち、都市を対象とする学科は三校のみに限られてしまったのであった。初代、二代目を過ぎて出身母体から切れてしまったこれらの三学科は、いわば孤立無援の存在となってしまった。こういう事態となると、ベクトルはむしろ逆に作用して外部とつながろうとするよりも純粋培養に走るのである。ちなみに、これらの学科の人事の履歴を検証してみるとよい。ごく少数の例外を除いて自学科出身で教官を占める純血主義が強いことが分かろう。

こうなると、先にも再々述べたような学問の細分化、縮小再生産に陥るのである。

内藤は土木に赴任して、建築、土木、都市工があまりにバラバラであることに驚いたらしい。「建築と土木をつなぐために都市工をつくったんじゃないの」と思っていたからだろう。かつて篠原はこの三学科の懇親会でバルト三国の独立運動を、半分は冗談で、しかし半分は本気で提唱したことがあった。圧政を敷くソ連（工学部）の軛を逃れて、建設系三学科で新たな学部（例えば建築・都市学部）をつくろうという考えであった。建設系は機械や電気などの純粋工学とは違い、人文系の素養が必要な分野であると考えるからである。もちろんこれは実現せずに終わった。内藤が赴任して、文部科学省のCOE[*20]が始まり、それに続くGCOE[*21]が軌道に乗り始め三学科の教官の共同作業が頻繁に常態化するにつれ、三学科間にあった壁は次第に取り払われつつある。方向はよい方向に向かっている。それは三学科のためによいと言っているのではなく、日本のためによいと言っているのである。ずいぶんと長くなった。だがもう少し付き合ってもらいたい。都市工と社工の問題は日本の都市と国土のこれからを左右する課題なのだから。

都市工の設立趣旨の一つは都市計画を中心的に担う人材の養成だった。その中心人物、高山英華の懐刀であり、設立の実務を実質的に担った川上秀光[*22]は退官の最終講義でこう語った。卒業生の最大の行く先は都市計画を行う都道府県、市町村の自治体を想定していたのだ、と。OHPで示した統計に基づく川上の話によれば結果は無惨なものだった。一九六六（昭和四一）年の第一期の卒業から川上が退官するまでの間には、自治体に就職する学生は皆無に近かったのである。それはそうだろう。母体であった建築の学生の就職先は、アトリエ事務所、日建設計などの組織事務所、清水、鹿島などの大手ゼネコンであり、少数の学生が住宅職で建設省や住宅公団に行っているという状況だったのだから。そもそもが東大という大学は中央官庁志向であり、大企業幹部候補生なのであるから。

都市工の卒業生は二手に分かれた。建築から来た先生の研究室の卒業生は、母体の建築

*20 COE：21世紀COEプログラム（二〇〇二～二〇〇六）文部科学省が大学の構造改革の一環として、世界的な研究教育拠点の形成や若手研究者の育成を目的として実施した支援事業。東京大学建設系三学科（建築、都市工、社会基盤）による「都市空間の持続再生学の創出」が採択され、同支援事業のもと三学科の共同による様々な研究活動が行われた。

*21 GCOE：グローバルCOEプログラム（二〇〇七～二〇一一）「21世紀COEプログラム」の評価・検証を踏まえ、国際競争力のある大学づくりの推進を目的として文部科学省が行った大学院への支援事業。東京大学大学院工学系の建設系三専攻による「都市空間の持続再生学の展開」が採択され、COEに引き続き三専攻の枠を越えた様々な研究活動が行われた。

*22 川上秀光（一九二九～二〇一一）都市計画家・東京大学教授。主な著書

学科にならった就職先となった。土木から来た先生の研究室の卒業生はこれまた母体の土木工学科にならった就職先となった。官庁にしろ設計事務所にしろ、大手のゼネコンにしろ、受け入れの窓口は建築職か土木職しかなく、都市職という職種はなかったからである。現在の国交省にも都市職という職種はない。それにならって自治体にも都市職はない。東大の都市工、東工大、筑波大の社工に続いて都市を専門とする学科が、当初の予定どおり全国に設けられていれば、状況はよほど変わったものになっていただろうと思わずにいられない。

都市工の就職先に顕著な変化が見え始めたのは、バブルの前ごろからだろうか。大手のデベロッパーに行く者が増え、銀行や証券などの金融機関に就職する学生が激増したのだった。この建築、土木離れは土木にも及んで今日に至るのである。もちろん、金融やデベロッパーとて都市に深い関係を持っているのだから、この傾向を否定するのは間違いであろう。

都市計画に代表される都市という職能は、建築や土木のように設計して施工すればよいというものではない。複雑な権利調整、規制、コントロールするための法令の立案などさまざまな知識、ノウハウが要求される。その実態を知るには、国交省都市局・都市計画課の陣容を見るのが手っ取り早い。課長は法律職の事務官、その下に土木職、建築職、造園職の技官がバランスよく、横並びに配置構成されている。都市工、社工の出身者は土木職

に「巨大都市の計画論」「東京改造元年・その透視図―21世紀の国際都市に向けて華麗なる変身」など。

で入り、そこについているのである。

期待されて生まれてはきたものの、都市工、社工はいまだに継子扱いなのだ。期待するところは大。しかし篠原の見るところ、いささか不安を感じさせる点が二点。これを述べて、都市工の節を終わることとしよう。第一の点は、奇妙な棲み分けの論理が定着し始めているのではないかと思うことだ。学科創設のころは二つのコースに分かれていたとはいえ、母体の土木、建築との間に際立った差はなかった。例えば、建築をやりたい人間でも建築学科には行かず、丹下に憧れて都市工に進学する学生は多かった。年月を経るにつれ、おそらく教官陣が第二世代、第三世代に移るころからだと思うが、都市工の独自色を出そうと考える勢力が強くなり始める。当然のことではある。その結果、都市工は建築の設計に手を出さなくなる。教官陣がそこまで強く意識したのかどうか、それは不明だが、学生の意識にはそれが強く刻み込まれていると、内藤は言うのである。都市の設計演習で学生に建築はどう考えているの、と聞くと「それは我々の仕事ではない、建築の領域でしょ」と言う答えが返ってくるのだ。一方の建築学科では都市に関する意識が急速に衰えているのだ、と内藤は感ずる。「それは都市工の連中の仕事でしょ」という具合だ。これでは建築、土木の縦割りを超えようとつくった都市工の意図が逆効果になったと考えざるをえない。かえって悪くなったということもできる。一時の構想にあったと聞く都市工は大学院だけにして、建築や土木、造園、経済の基礎を学んだ学生を受け入れるというやり方のほうが正解だったのかもしれない。

危惧する第二の点。創設期の都市工の教官陣は実務に長けた人間で構成されていた。都市計画の高山、都市設計の丹下以下、他の教授、助教授たちも。皆、建設省や公団で実務をやっていた人間をスカウトしたのだから。代がかわるにつれ、実務色は次第に薄れてくる。大学は研究と教育を本務とするから、それは致し方のない面もある。さらには業績は研究のペーパーで評価されるから、この傾向に拍車がかかる。例えば、都市計画が専門、都市設計が専門といっても、実際の線は引けない、ということになる。住民と対話して、あるいは自治体の役人と議論しつつ案をまとめあげることは苦手だ、ということになる。都市計画の法令や都市設計をも含めた、諸外国の事情には詳しいのだが。この事実は三陸で行われている復興計画に顕著に現れていると内藤は言う。内藤だけではない、篠原の教え子で復興計画に深く関わっているDもHもそう証言する。これでは技術者ではなく、建築家でもなく計画家でもない、単なる事務屋にしかすぎないのではないか。

一〇章　コラボレーションデザイン

九章の建築と土木、さらには都市工の議論を受けて、一〇章、一一章では今実践中のコラボレーションについて語ろうと思う。

コラボレーションとは

コラボレーションという言葉がいつのころから使われ始め、いつ定着したのか、それは分からない。ここではまず、篠原のコラボレーションの履歴をトレースしておこう。

前述のように篠原はデザインのトレーニングを受けていない、だから図面は引けない。必然的に図面を引く人間と一緒にやらざるをえない。初めからコラボレーションなのである。図面を引く人間と篠原の関係は、次の三つのパターンであった。第一はほとんどデザインができないエンジニアとやる場合。口頭でしつこくデザイン意図を伝え、それでも足りない場合には簡単なスケッチを描くこともある。苦労する。第二は言えば分かってデザインになっていくエンジニアとやる場合。このケースが一番多い。第三は腕がよくて何も言わずともできるエンジニア、デザイナーと組む場合。これは楽である。時々コメントやアドバイスをすれば事足りる。であるから、篠原のコラボレーションの要諦はいかによい相手と組むかにあるのだ。人のデザイン力を見抜く鑑識眼こそが鍵を握る。そうはいってもすでにコンサルタント、設計事務所が決まっている場合が多いから、上記の三パターンのいずれかにならざるをえないのである。

初期の、橋のデザインの時期、最初にやった松戸の広場の橋ではコンサルタントのエンジニア、デザイナーに加え橋の専門家と組んでいた。江東区新中川筋の失敗した大杉橋ではコンサルタントのエンジニア、橋の専門家、デザイナーと組んだ。ようやく「これでいいか」となった辰巳新橋では、コンサルタントのエンジニアにさらに橋の専門家と組んだ。ここで朧げながらに分かったことは専門家とはある分野に限っての専門家であり、その言を鵜呑みにしては間違うということだった。また橋の専門家と組んでも大したメリットは

朧大橋（福岡県）。コンクリートの上路アーチ。アーチリブの脚を開き、安定感と躍動感を狙った。開きの線は放物線、桁支柱のテーパーは直線。

ないという点だった。構造に強いコンサルタントエンジニアがいればそれで十分なのである。うまくいったと考える福井県の勝山橋はデザイナーの南雲勝志とのみ組み、福岡県の朧大橋では専門家は入れず、謙信公大橋ではデザイナーの大野美代子とのみという具合である。教え子のDもそのころ、「一人でやったほうがいいんじゃないですか」とコメントしたものである。

初めての川のデザインだった津和野では河川に経験のある岡田一天と組み、浦安の境川では先に述べたように南雲と小野寺康と組んだのである。これも初めてのダムだった苫田ダムでは河川、植生、デザインの専門家による委員会を篠原が設定するように要請し、デザインワーキング部隊のメンバーは篠原が選定した。橋の高楊裕幸、水辺の岡田、土工とトンネルの畑山義人である。のちに建築の内藤がこれに加わり、公園、広場を教え子のDとTが担当することになる。篠原の役割はもっぱら人選なのであった。橋を担当した高楊とはかなり、やり合った。お互いずいぶん勉強になったと思う。デザインワーキング部隊は自分が人選したのでコラボレーションは楽だった。

こういう具合にコンサルタントのエンジニアやデザイナーと、さらには各分野の専門家を加えてコラボのデザインを行うことは土木の分野では稀なケースに属することだと思う。ほとんどのケースでは仕事を受けたコンサルタントのエンジニアのみで設計が行われているのである。これは次に述べる建築との比較で言えば、先にも述べたように、アーキテク

勝山橋（福井県）。篠原が最も気に入っている橋の一つ。周辺の山々に溶け込み、下を流れる九頭竜川の急流に負けない橋脚の力強さ。

浦安の境川（千葉県）

ト抜きの構造エンジニアのみで設計が行われていることを意味する。

では建築の分野ではという話題に移る。建築ではコラボレーションはごく普通の、常識的な事柄に属する。意匠（アーキテクト）は構造（エンジニア）、設備（エンジニア）と組んで設計を行う。構造家がいなかった時代には土木のエンジニアと組んでやっていたのである。ヨーロッパ、アメリカのように。以上は土木の、建築の分野の中の話であるから、一般にいうコラボレーションではない。しかしここで確認すべきは建築では常識となっているコラボが、なぜ土木ではできなかったかという問題である。理由はいくつか考えられる。建築においても、その分野は住宅、オフィスビル、商業施設、学校、美術館、体育館などと多岐にわたる。しかし得手不得手はあるにせよ、アーキテクトもエンジニアもいずれの分野をカバーすることが可能である。汎用性がきくのだ。アーキテクト（意匠）が活躍する分野は広い。

一方の土木では分野がキッパリと分かれていて、相互の交流はほとんどない。鉄道は鉄道、道路は道路、河川は河川なのである。それぞれが自己完結している。扱う対象が異なり根拠となる理論が違う。道路では線形の幾何設計と土質力学が、河川では水理学が基本の学問である。建築のようにエンジニアのほうも汎用性がきかないのである。橋梁は鉄道、道路に共通の構造物なのだが、その上に載るもの、機関車、客車、トラックの違いにより構造基準が異なるのである。各々のマーケットは当然のことながら、建築に比べると小さ

苫田ダムのデザイン（岡山県）。トンネルの抗口は畑山義人と、橋は高楊裕幸と組んだ（写真）。
水辺の公園はDの担当だった（撮影：河合隆當）。

い。この分野別の自己完結性に従って意匠を担当するデザイナー、エンジニアも分野をまたがって活動することはほとんどなかった。元来が土木の分野では、意匠（デザイン）が求められていたのは橋のみであった。鉄道や道路、河川、港湾はデザインの対象外であった。従って土木にはデザイナーは不在であり、戦前の橋では橋の装飾を、つまり橋全体の形ではなく、親柱や高欄のデザインを建築家に依頼していたのである。日本橋の装飾は妻木頼黄《よりなか》という具合に。帝都復興橋梁の聖橋は、建築の山田守と土木の成瀬勝武が組んで設計した稀有なケースである。ダムの山口文象とエンジニア石井頴一郎の組んだ小牧、仙人谷も例外であった。戦後になると建築家ではなく、IDのデザイナーを起用するようになり、首都高の橋のデザインから出発した大野美代子がその代表格となる。大野のデザインは装飾ではなく全体の形である。しかし大野の活動範囲は橋にとどまる。川のデザインは先に述べたように中村良夫が先鞭をつけ、以降、川もデザインの対象と考えられるようになる。中村は橋もデザインしているが、その数はそう多くない。分野に拘束されることなく、何にでも手を出し始めたのは篠原以降の現象である。つまり、建築のように細分化された分野に関わりなく活動するアーキテクトは、土木の分野には必要とされていなかったのである。

いささか繰り返しにはなるが、アーキテクトとエンジニアのコラボが土木ではできなかった原因を整理すると次のごとくになろう。第一に土木の分野が細分化されていて、分野間の交流がなかったこと。第二にデザインの対象が橋梁のみであり、他の分野ではその需要がなかったこと。第三にそもそもが土木ではデザイン教育が不在であったこと。第四に我が国では土木と建築を、エンジニアとアーキテクトという職能で分けたのではなく、インフラと建物という対象で分けたために建築のアーキテクトが土木のデザインに関与できなかったことなどである。

日本橋は土木の樺島と建築の妻木頼黄のデザインである。妻木は装飾を担当。

復興橋梁の聖橋。土木の成瀬勝武と建築の山田守のデザイン。二人は東大の同級生で完成時にはともに30才だった。

異職能間のコラボレーション

土木の分野ではほとんどやられてこなかった橋梁、河川、ダムなどの分野でのコラボレーションの軌跡を紹介した。その多くは土木のエンジニア同志のコラボレーションであった。ここでは土木以外の職能とのコラボレーションの軌跡を述べることとしよう。結論を先に提示しておくと、篠原がコラボした職能はインテリアやプロダクトのデザイナー、照明デザイナー、建築家、建築史家、都市計画家、造園家などである。

初めての異職能とのコラボレーションはインテリア出身の大野美代子との謙信公大橋の仕事だった。インテリア出身とはいうものの、大野の橋のデザインキャリアは長かったからコラボには何の抵抗もなかった。すでに大野は篠原以上に橋に詳しかったからである。次に組んだのは、プロダクト出身の南雲勝志だった。皇居周辺道路のプロジェクトで南雲は照明柱の担当だった。誠によいデザインで何の注文も出さなかった。先述のコラボレーションのパターン三の場合に該当する。続いて浦安の境川で組み、南雲は照明柱と転落防止柵をデザインした。この転落防止柵は篠原の感覚ではあまりに細く、いくら水面への透過性を狙ったとはいえ危なっかしく見えた。「これで大丈夫か」と図面を見ながら言うと、「大丈夫ですよ」という答えが返ってきた。できあがってみると南雲の言うとおりなのだった。この男は図面と現実との対応が正確についているのだと思った。以来、南雲と組んだ仕事は数えられないほどだが注文をつけたことはほとんどない。ややおおげさに言うと天才的にプロポーション感覚がよいのである。日向のプロジェクトを期に木に凝り始め、木を使った照明柱、ボラードを地元の木材関係者とともにつくり出し、国産材の振興を考えた「日本全国スギダラケ倶楽部」なるものを結成して代表に収まっている。会員は全国にいて、今や会員数は一五〇〇名を超えようとしている。後に述べる内藤と始めたGSデザイン会議の規模をはるかに超える人数であり、活動も活発である。本人は篠原と土木の仕事を始めたからこうなったんですよと言う。彼の専門はプロダクトだから、そのデザイ

皇居周辺道路整備の仕事。南雲と篠原の初顔合わせだった。近衛兵と呼ばれる歩行者照明と鳳凰と称される車道照明。南雲は最初から抜群のうまさだった。

浦安・境川の照明と転落防止柵。水面への透過性に配慮した極限までに細い部材。

ンは細分化された土木の分野にはとらわれることなくどの分野にも通用する。照明、ボラード、ベンチなどはどんなプロジェクトにも必要とされるからである。

都市計画家と付き合い始めたのは旭川での加藤源以来で、建築家との付き合いと同時である。建築家はもちろん、内藤廣。旭川から二年後の平成一〇（一九九八）年、日向のプロジェクトで同じく都市計画の佐々木政雄との付き合いが始まった。加藤は細かいデザインにも口出しをするデザイナータイプのプランナーである。もともとが建築出身で丹下研で修業したからであろう。会議の仕切りは際立っていてバランスもよく見事である。難点を言えば、仕切り役であるにもかかわらず自分の意見を言いすぎることであろうか。一方の佐々木は攻撃型である。容赦なく相手の痛いところを突き、積極的に自分の思う方向にもっていこうとする。だから事業主体の役人との相性がある。桑名の外堀のプロジェクトでは市の担当者を徹底的に痛めつけ、以降のプロジェクトの進行に禍根を残した。これは相性が合わなかったケースで、うまくはまると想定以上の結果を生み出すことになる。日向のケースがその典型で、佐々木の鼓舞、挑発に県の井上、森山などが応え、危機を何回脱したことだったろうか。この佐々木とて、早稲田の吉阪研出身だからデザインにも時折注文をつける。ただし加藤のように細かいことは言わない。日向のプロジェクトで内藤に要求した「ふわっと雲のような」という言葉は今でも記憶に残る。駅舎の形に対する注文である。加藤と佐々木のいずれが優れているということはできない。ケースバイ、ケースであるという他はない。コラボレーションにあたってはどういうタイプの人間と組むかが、成否の鍵を握るのである。旭川、日向のプロジェクトを通じてようやっと分かってきたことである。

建築家とのコラボレーションは内藤と内藤の弟子の玉田源と京成の成田湯川駅を、札幌の駅前通・創成川通で栗生明[*1]と組んだのみである。栗生も早稲田の建築出身、玉田はアメリカ帰りの東大の建築出である。この三人に共通するのは、自分のデザインを押しつけな

＊1　栗生明（一九四七～）建築家、千葉大学名誉教授。主な作品に「植村直己冒険館」「平等院鳳翔館」「国立長崎原爆死没者追悼平和祈念館」など。

内藤の教え子、玉田源と組んだ京成の成田湯川駅。駅広は篠原の教え子の西山健一、安仁屋宗太設計。

札幌の駅前通と地下通路。都市計画の加藤、建築の栗生明、照明の面出薫、植物の笠康三郎とチームを組んでやった仕事。篠原と笠は委員会の委員の立場で、加藤以下は加藤が組織した受託者のデザインチームである。

創成川通。車道をトンネル化する工事に併せて水路を再整備してベルト状の公園とした。札幌に大通公園以来の緑の軸ができた。大通りにはない水を備えた公園である。

いという点であろうか。ともかく人の言うことをよく聞く。玉田はまだ若いからよく分からないが、内藤と栗生に共通するのは自己のデザインに対する自信なのであろうと思う。他人の意見を取り入れても、最後は自分のデザインにできるという自信である。自分のデザインに自信が持てない建築家はこちらから見ていても滑稽なほど突っ張る。自分の意見を変えようとしない、妙な点にこだわる。これは篠原が中心になったプロジェクトではないが、横浜の、ある広場のデザインでは往生した。篠原は委員会の一メンバーで設計担当の建築家とやり合ったケースである。こういう線の細いタイプの建築家とは一緒にできないと思ったものである。

コラボレーションができるか否かのキーポイントはここにあるのだと思う。つまり自分の分野のデザインについては確たる自信があり、それゆえにコラボ相手の意見に耳を傾けることができる。これがコラボレーションのメンバー足りえる資質なのだと。ただ相手の言いなりになっていたのでは、コラボではなく単なる下請けにすぎない。ここまで紹介してきた人物は皆この資質を備えている専門家であるといってよい。もちろん、抜群のセンスを持ち、個性的で素晴らしい作品を生み出す人物はいる。丹下や原広司などはそのたぐいの建築家である。このような建築家にはコラボレーションはできないし、コラボレーションは不要なのである。ただしひと言いっておくと、それでは広がりのある、まちのデザインとはならないことだろう。

＊2　上山良子
ランドスケープアーキテクト、長岡造形大学名誉教授。主な作品に「幕張新都心公園緑地打瀬第4公園」「長岡平和の森公園」など。

上山良子[*2]は篠原がコラボした数少ない造園家である。長崎の水辺の森公園や旅客船ターミナルで一緒に仕事をした。ともに環長崎港地域アーバンデザイン専門家会議のメンバーである。上山はアメリカ西海岸のハルプリン[*3]の弟子。コンセプトにはアメリカ仕込みらしくうるさく、仕事に取り組む姿勢は誠実である。公園の中の流れのデザインにおいては当方の意見に耳を傾けた。デザインテイストはちょっと違うなと思うが、それは彼女の流儀なのだろうと考える。ターミナルのコンセプト、丘の中に施設をというアイデアは、建築

＊3　ローレンス・ハルプリン（一九一六～二〇〇九）ランドスケープアーキテクト。ハーバード大学大学院ではW・グロピウスやクリストファー・タナードに師事。主な作品に「ブエナ・ビスタ・スクエアガーデン」「Banker Hill Step」ライブラリータワーの階段「マンハッタン・スクエア・パーク」など。

長崎の水辺の森公園。デザインは造園の上山良子。篠原は西村浩と水路に架かる歩行者の橋を担当。公園の流れのデザインについてアドバイスした。

長崎の旅客船ターミナル。上山の提案でターミナルは屋上を歩ける丘状の形となる。極めてユニークなターミナルが実現した。

の人間では出ない発想であった。もう一人、岐阜県の各務原《かかみがはら》の橋のデザインで一緒にやっている造園家に石川幹子[*4]がいる。石川は上山とは違い、同じアメリカとはいっても東海岸のランドスケープである。ニューヨークのセントラル・パークを設計したオルムステッド[*5]以来の、いわゆる正統派である。彼女の設計した岐阜大農学部キャンパス跡の公園は、篠原が見た都市公園の中では第一級品であると思う。その伸びやかさが素晴らしい。各務原の橋に係わるようになったのは彼女の紹介によるもので、そのつながりで橋のプロジェクトには彼女に参加してもらっている。石川は橋のデザインにも口を出し、篠原は造園のほうにも口を出す、本来のコラボである。このコラボはうまくいっていると思う。上山、石川以外にも造園家はたくさんいるのだが、コラボレーションしようと積極的に考えたことはない。これは篠原の例の悪い癖で、ランドスケープなら自分でもできると思っているからである。

建築の歴史家とのコラボレーションの経験は、宮崎県の日南市油津《あぶらつ》の堀川運河のプロジェクトで一緒にやった矢野和之[*6]が最初だった。日向に係わり始めて間もなく油津のほうも見てくれないかという話になり、江戸時代に開削された堀川運河を見に出かけた。それは飫肥《おび》藩の財源を支えた飫肥スギを搬出するために、山から筏《いかだ》で下ってくる材木を広渡《ひろと》川から短絡して港につなぐ運河であった。現場を見て廻ると、古い石積みを無視して遊歩道をつくり、木を無理やりに使った柵で整備されている、まがいものだった。案内してくれた

*4 石川幹子
ランドスケープアーキテクト、東京大学教授。主な作品に「瞑想の森」「星の森（鵜沼駅前駐輪場・多目的レストルーム）」など。

*5 フレデリック・ロー・オルムステッド（一八二二～一九〇三）
ランドスケープアーキテクト、都市計画家。イギリスの造園設計手法である風景式庭園をアメリカの公園設計手法に位置づけた。主な作品にニューヨークの「セントラル・パーク」「イエローストーン国立公園」「スタンフォード大学キャンパスプラン」「ボストン・アンド・オールバニ鉄道駅群の景観設計」など。

*6 矢野和之（一九四六～）
文化財保存計画協会代表取締役。主な仕事に「山代温泉総湯・古総湯・湯の曲輪」「箱館奉行所」「油津堀川運河」など。

日南市の教育委員会の岡本武憲は、我々を案内しながら「この運河は歴史上貴重なのだから、きちんと調査してから工事にかかってくださいと何辺言ってもきかないんですよ」と愚痴をこぼし続けるのだった。デザインもひどいし、歴史も尊重していない。これはいったんストップしてやり直したほうがよい、そう判断した。この堀川運河の整備主体は宮崎県で、国交省港湾局の補助金をもらった事業である。港湾局OBの先輩、某氏に電話を掛け（現役の役人ではいくらなんでもまずいので）、事の事情を話した。何とかやり直しが

各務原の都市公園。岐阜大農学部の跡地を整備したものである。伸びやかな芝生広場と大きな樹木、浅く清らかな水の組み合わせ。アメリカ東海岸の正統派ランドスケープデザインである。設計は石川幹子。

日南市・油津の堀川運河。飫肥藩によって17世紀に開削された。護岸の石積は明治から昭和戦前期に材木商が請願工事で整備したものであった。デザインチームは歴史の矢野和之、都市計画の佐々木、土木の小野寺、デザインの南雲にまとめ役の篠原である。

きかないかという相談である。こういうことはめったにやらないのだが。本省のほうでどう言ったのかは知らないが、工事は中断となって石積みの歴史調査からやり直すこととなった。ここに登場したのが歴史的建造物の調査、修復を専門とする文化財保存計画協会（文計協）の矢野である。文計協は県の倉庫をひっくり返し、それが地元の材木屋たちの請願工事であったことを明らかにした。城の石垣復元と同じように解体する石積みの石に番号を振り、石を補充して当初の石積みを再現した。この歴史的石積みをベースに新たなデザインを展開したのが堀川運河の整備である（のちに国の登録文化財になった）。デザインは以前からのコンビ、南雲と小野寺である。そのデザインコンビに歴史の矢野が加わったのである。このプロジェクトから歴史的な経緯がある場合には矢野がコラボレーションに加わることが常となる。その後の油津の漁港整備においても矢野は我々のコラボの欠かせないメンバーとなって今日に至るのである。

　これらの経緯から容易に分かるように、コラボレーションのメンバーは必要に応じて追加してきた。今後我々のコラボレーションの輪は、より大きくなっていくであろうと思う。ただし問題がないわけではない。一つはメンバーの「慣れ」の問題であり、他の一つは事業主体とのコラボレーションの問題である。このいずれもが、人間同士の信頼に関係する問題である。

コラボレーションでつくり上げる仕事

篠原はいつのころからか、意識して映画批評の本、映画のシナリオなど映画関係の本を読むようになった。以前からこの手の本は好きで、黒澤明[*7]の映画やそのシナリオ、黒澤のシナリオライターである橋本忍[*8]の『複眼の映像』などを興味深く読んできた。また山田太一[*9]のドラマも好きで、『ふぞろいの林檎たち』のシナリオも持っている。倉本聰[*10]のテレビドラマ『北の国から』も映画の『駅 STATION』のシナリオも愛読してきた。意識的に読むようになったのは、まちづくりは映画づくりと同じではないかと考え始めたからである。異なった専門家が寄り集まって一つの作品をつくり上げるという点において。日向に通うようになって、市役所の和田康之が始めた山田会の催しで、山田洋次監督の新作映画『おとうと』を市のホールで見る機会に恵まれ、山田映画を見直すこととなった。以来、山田洋次のシナリオ、本も何冊か読む。山田の『おとうと』の製作過程をドキュメンタリーで書いた新田匡央[*11]『山田洋次――なぜ家族を描き続けるのか』の本には教えられる記述がいくつかある。その一つに、以前から知ってはいたが映画製作における「組」の存在がある。監督の名前を取った「山田組」「小津組」「黒澤組」などである。これは製作を担うスタッフが固定していることをいうのである。つまり、山田組であればシナリオは常に山田本人が担当し、監督はもちろん、山田、カメラは高羽哲夫、のちに長沼六男、近森眞史。照明は渡邉孝一、録音は中村寛、装飾は高橋光などと決まっているのである。

＊7　黒澤明（一九一〇～一九九八）映画監督、映画プロデューサー、脚本家。主な作品に『姿三四郎』『羅生門』『七人の侍』『用心棒』など。

＊8　橋本忍（一九一八～）脚本家、映画監督。主な脚本作品に『羅生門』『七人の侍』『ゼロの焦点』など。主な監督作品に『私は貝になりたい』など。

＊9　山田太一（一九三四～）脚本家。主な作品に『岸辺のアルバム』『ふぞろいの林檎たち』など。主な著書に『異人たちとの夏』など。

＊10　倉本聰（一九三四～）脚本家、劇作家、演出家。主なドラマ作品に『前略おふくろ様』『北の国から』『拝啓、父上様』など。主な映画作品に、『駅 STATION』など。主な著書に『君は海をみたか』『浮浪雲』『愚者の旅』など。

＊11　新田匡央（一九六六～）ライター。

いつも一緒にやっているので、カメラマンほかのスタッフは監督が今、何を考えているのかが分かるのだという。ロケーション現場では突然撮影を始めることがあってもスタッフは慌てなかった。山田の考えていることに予測がつくので、先回りして準備をしているからだ。「こういうことは、長年いっしょに仕事をしてきて、私の気持をよく理解してくれているスタッフだからできるわけです。またそういうスタッフとでないといい作品は撮れません」と山田は書いている（山田洋次『映画を創る』）。また山田はこうも言う。「撮影現場にのぞむ前の段階で、いい脚本ができ、いいキャスティングができ、自分の信頼できるスタッフを集めることができればもう監督の仕事の八〇パーセントぐらいは終わっているといってもよい」（同）。ここで脚本はまちづくりの完成までのストーリーづくり、スタッフは計画・設計のプロ、キャスティングは難しいが、まちづくりの表舞台に登場する人物といったところだろうか。それは地元のやり手のおばさんでもいいし、日南の大工、熊田原さんでもあったと言えよう。

いちいち言わずとも分かる関係になっているから、つまらないことに時間を取られず、撮影はスムースに進みレベルの高い作品をつくることができるのだ。山田監督の寅さんシリーズ、学校シリーズなどをはじめとする山田映画はいずれもこうやってつくられているのである。この何々組で怖いのは、慣れによるマンネリ化であろう。このマンネリ化を防ぐために、映画のテーマを定めるシナリオの斬新さとキャスティングが重要となるのであろう。あくまでもスタッフはいつも同じで。

これをまちづくりに適用して考えるとどうなるであろうか。篠原のコラボレーションでは、スタッフは常連に近いかたちで通してきた。そのメンバーは先に述べたとおりである。テーマ（シナリオ）は現地の状況に応じて変わるし、事業の内容によって当然変化する。だから、いつも篠原・内藤組というわけではないがスタッフはここ一五年来ほぼ固定している。悪いとは思わない。マンネリ化しているとも思わない。内藤、南雲、小野寺、加藤、佐々木などが常に斬新なアイデアで臨んでくるからである。端から見るとつるんでいるように見えるかもしれない。

問題は映画ではスタッフに加わることのない、事業主体の担当者がスタッフ陣のメンバーとなることである。このメンバーとの関係は初顔合わせとならざるをえない。「気心の知れた人間でなくては、いいものができない」という原則からいうと、まちづくりはいい作品ができない状況に置かれているわけだ。まさか事業担当者を我々が選ぶわけにもいかない。すべてを、いや大部分を専門家を揃えた篠原・内藤組に任せてくれればいいのだが、日本ではそんなことはありえない。ここに近年では市民が加わる。デザインワークショップというかたちで。スタッフはますます膨れあがり、お互いに気心の知れない大集団となる。いい映画、いや、いいまちをつくるのは極度に困難な仕事となる。いいまちが我が国ではできないわけだ。事業主体とは初顔合わせとならざるをえないにしても、何年か一緒にやれば次第に気心も知れて、何々組が形成されていい結果を生むことが可能である。日向プロジェクトにおける県の藤村、井上、中村、森山、日向市の黒木正一、和田などと組んだチームのように。困るのは事業主体の担当者が頻繁に代わることで、これではいつまでたっても何々組とならない。担当者が二年で代わる国が事業主体の場合がこのケースの典型である。

道路や河川という単独の事業の場合には組をつくりやすいのだが、連立のような複合的な事業になると、鉄道の土木と建築、駅前広場の都市計画と縦割りで発注するために何々組を組むことも容易ではない。監督不在でカメラ、照明、録音が勝手に映画をつくろうとしているようなものである。発注は別々でも何とか我々のほうで組（デザインチーム）をつくって対処してきたのが今までのやり方であった。旭川、日向以来、駅と駅広を題材に新しいデザインモデルをつくり上げてきたのだとも言えよう。

本当は最初から組をつくらせ、それらの組を対象にコンペやプロポーザルを実施すればよいのである。これを実行したのが札幌市が事業主体だった札幌の駅前通と地下通路、創成川通のプロジェクトであった。都市計画の加藤がランドスケープ、商業の専門家とチームを組みプロポーザルに勝ち、以後のデザインを札幌市の委員会のメンバーと一緒に実施したのである。委員会のメンバーは都市計画の小林英嗣、造園の笠、景観の篠原という専門家で構成されていた。加藤のチームにはのちに建築の栗生明と照明の面出薫[*12]が加わる。

＊12　面出薫（一九五〇〜）照明デザイナー。主な照明デザイン作品「せんだいメディアテーク」「長崎原爆死没者追悼平和祈念館」「ＪＲ東京駅丸の内駅舎復原ライトアップ」など。

この仕事は「加藤・篠原組」でやったということになる。

さてここまで、映画との対比で語ってきたわけだが、映画には映画の撮影以前の話があるわけで、それはどういう映画をつくり、その制作費をどう準備するかいう問題である。それはプロデューサーの仕事である。このプロデューサーの仕事は、まちづくりでは誰が担うのであろうか。プロジェクトを企画、立案する県知事や市町村長、あるいは国の都市計画、インフラの担当者であろう。そしてプロデューサーの最も重要な役割りは、庶民、大衆が望んでいる企画を立て、それを具体化することのできる監督を選ぶことであろう（これを監督優先のディレクターシステムという。従来の俳優中心のスターシステムから脱皮させたのは松竹の城戸四郎[*13]であった）。であるから映画づくりにおいては「最も安く」作品を仕上げる監督を選ぶことなどはありえない。愚作の映画では誰も見に来ないからだ。それが、我が国の公共事業では入札によって「最も安い設計者」を選ぶ愚策をとっているのである。これでは、いい映画ができるわけはない。これはデザイン以前の我が国のプロジェクト執行体制の欠陥である。監督や組の選定以前の問題は、庶民、大衆が望む生活、まちををプロジェクトとして立ち上げる、企画・政策の能力であり、それこそが自治体の長や国の幹部に求められている資質なのだと思う。

＊13　城戸四郎（一八九四〜一九七七）映画プロデューサー。主な作品に『マダムと女房』『大忠臣蔵』など。主な著書に『日本映画傳・映画製作者の記録』など。

内藤とのコラボレーション

内藤とコラボレーションでやった仕事を、以下に列記しておこう。ダムでは苫田ダム、駅と駅広では日豊本線・日向市駅、土讃線・高知駅、函館本線と宗谷本線・富良野線・旭川駅、山陽本線・徳山駅、北陸線・富山駅の多数にのぼる。駅前広場と街路では、大分の一〇〇メートル道路と駅前広場、行幸通りと東京駅丸の内広場、東京の環状二号線である。駅に係わるプロジェクトが大半を占める。富山駅は南雲、小野寺も加えてプロポーザルに応募したもので、大分のプロジェクトはやはりプロポーザルへの応募。それ以外は設置された委員会を通じてコラボしたものである。

年齢が上であるという点と内藤が東大に来る以前から教授であったことから、篠原がまとめ役を務めることが常であった。しかし篠原の見るところでは、内藤はまとめ役に最も適した人物である。ぶれない、人の言うことをよく聞く、自分のアイデアや意見を押しつけない。こういう役割を演ずることのできる建築家は、現代の日本において他に何人いるだろうか。もう亡くなってしまったが、大高やコモンの住宅地を設計していた宮脇がそのタイプの建築家であったのだろうかと思う。

俺が、俺がではこの役割を果たすことはできまい。こういう点から今の建築界を眺めてみると、建築家が建築に閉じこもっているのもむべなるかなと思うのだ。敷地に押し込められていると建築家はよく言うが、建築家では建築以外の人間を仕切れない、

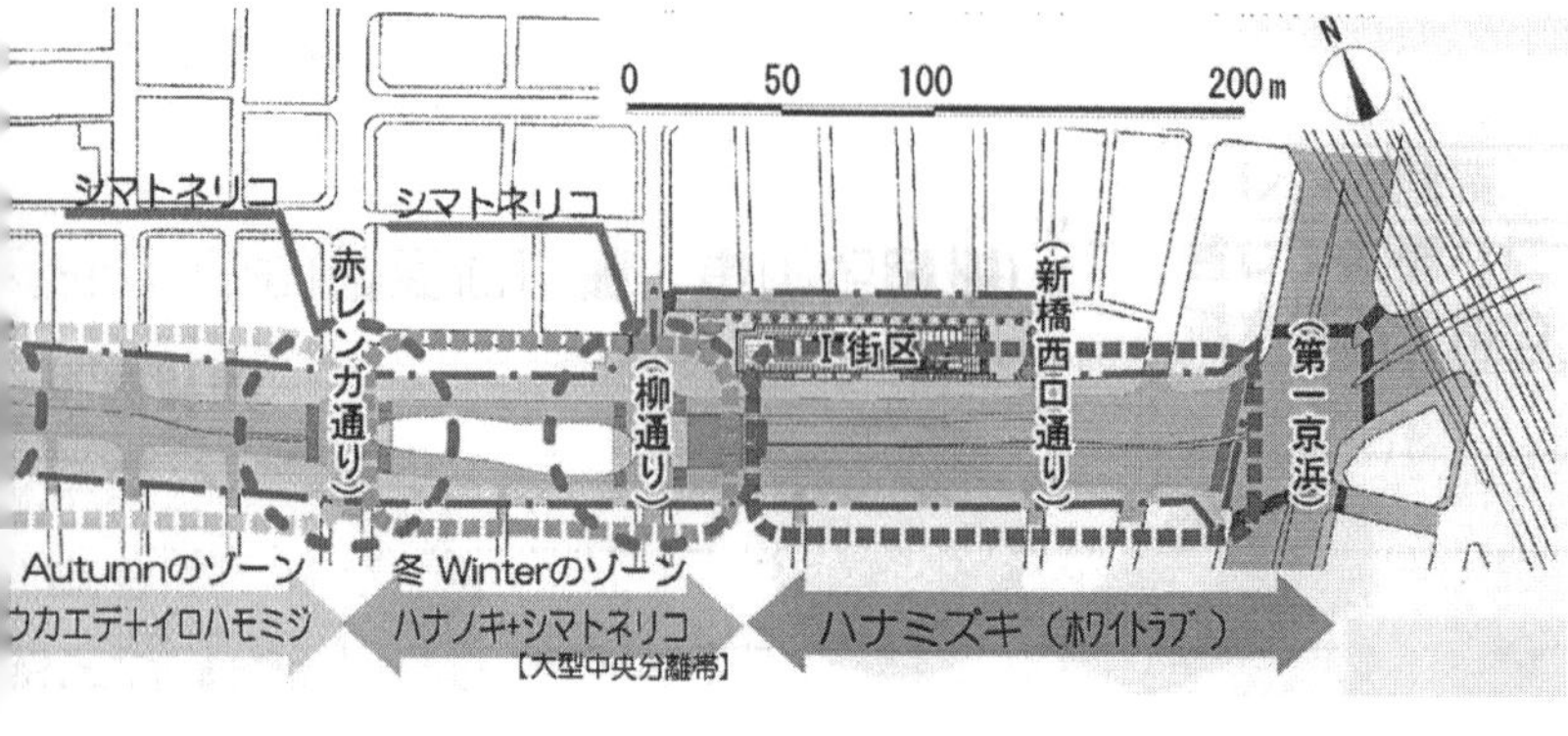

東京駅丸の内広場と行幸通りのプロジェクト。委員会が設置され委員長は篠原、委員のメンバーは建築史の鈴木博之、都市計画の岸井隆幸など、これにいつもの内藤、南雲、小野寺が加わっている。設計は南雲と小野寺が実質的に担当。東京の顔となる重要な仕事である。駅広はこれから。（提供：ナグモデザイン事務所）

環状２号線のプロジェクト。戦災復興で計画決定されていた街路が60年の歳月を経てようやく実現することになった。委員会メンバーはいつもの内藤・篠原組で、やはり南雲、小野寺が設計担当である。篠原のアイデアで４つの広場が連続する街路として整備される。完成は2014年予定。

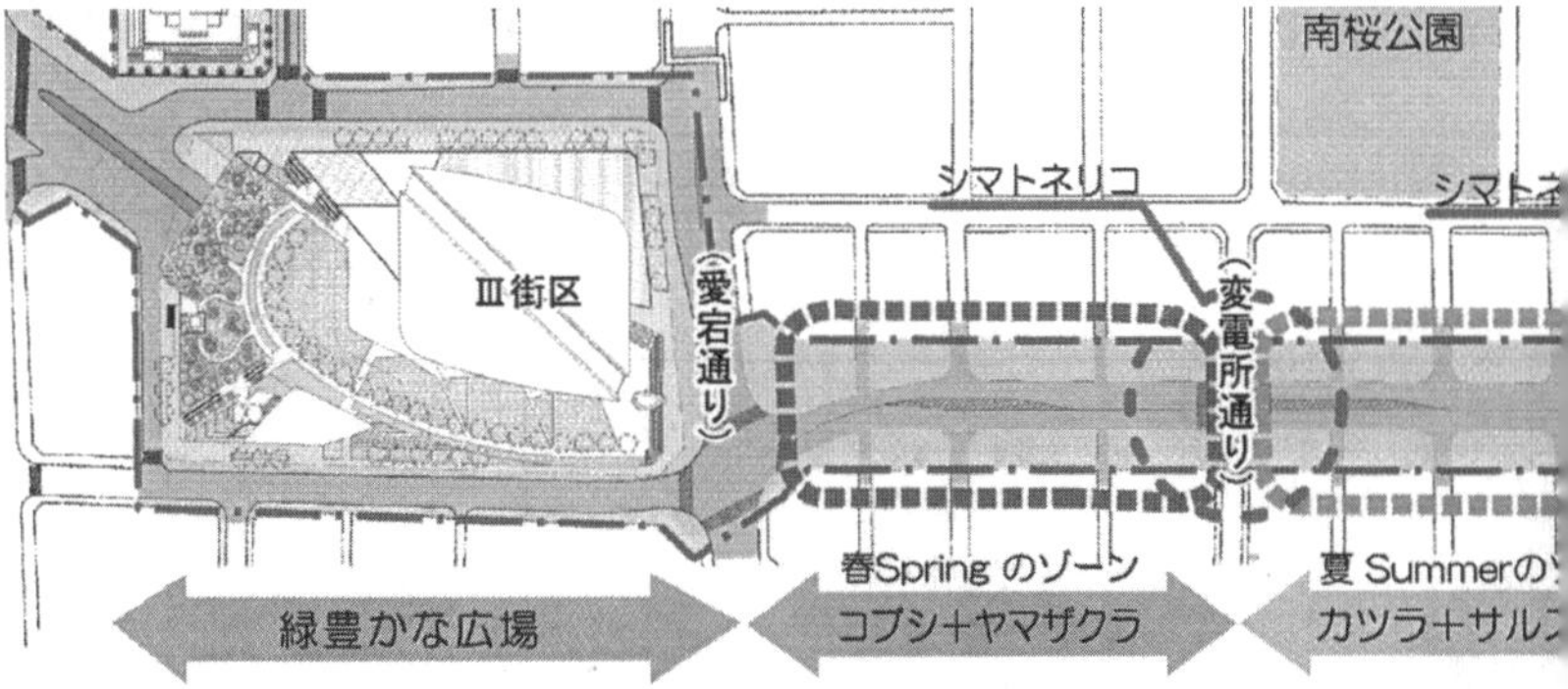

それが社会の冷徹な評価ではないかと思う。かつての建築家の呼称である棟梁とはプロジェクトを仕切る力量を持っていたがゆえに棟梁と呼ばれていたのだと思う。現代日本には建築家はいるが棟梁は少ない。これはデザイン能力とは別の人間力の問題であると思う。人間力を鍛えるにはどうしたらよいのか、建築教育に課せられた大きな課題であろう。

内藤は旭川に限らず、プロジェクトにおいては必ず複数の案を作成しパートナーの意見を求める。このやり方は菊竹事務所で学んだやり方だという。菊竹は一晩で一〇〇の案をつくれと命令したのだと懐かしそうに述懐する。考えられるあらゆる可能性を試せということなのだろう。だから、他のメンバーが一案しか持ってこないと不服そうな顔をする。これしかないと提示するのは不遜だと考えるのだ。複数案を示し、コラボのメンバーの意見を取り入れてデザインをブラッシュアップする。それがコラボレーションの真髄であると考えているのだろう。コラボせずに単独でやっている時にはどうやっているのか、それは知らない。おそらくやはり内藤Aが複数案をつくり、内藤Bが批評者になって案に注文をつけ、最終のデザインに落とし込んでいるのであろう。こういう具合に一人でコラボレーションをやっているのではないか。あるいは事務所の所員とのコラボなのであろうか。

このような一人コラボは篠原も文章を書く際には、よくやっていた方法である。一応書いてしばらくほっておく、何日かたって篠原Bが冷たい目でそれを点検するのである。

以下では内藤と一緒にやっていて印象に残っているエピソードのいくつかを紹介してお

こう。いずれも内藤の人柄がよく現れているものである。苫田ダムでは先に述べたように各種の専門家で構成される委員会ですべてのデザインを決定していた。委員会の下のデザインワーキングがデザイン原案を作成してのことである。しかしこの範囲には入らない施設もあった。それは地元の町がつくる立ち寄り観光の施設であった。そしてその施設は国道沿いの中心的な位置にあるものだった。設計の発注は当然、地元の町となる。仕事を受けた岡山の建築設計事務所が描いた絵を見て驚いた。内藤も驚いた。山の中のダムだから

苫田ダムで地元の町が計画した山小屋風の立ち寄り施設は、内藤のボランティア精神による指導によりよい休憩施設となった。外構の苑地はTのデザイン。建物中央を抜けると湖面が眼前に開ける。

であろうか、山小屋ふうのデザインとなっていたのである、それもなぜか白川郷の民家のような。普通ならダムのほうから口出しはできないから、仕方ないよな、で終わるしかないのだが、いくらなんでもこれではまずい。内藤が設計を手伝うと言い出したのである。敷地の外構デザインは篠原の教え子のT。内藤はボランティアであった。結果的にはダム湖を眺めるいい休憩施設となった。名は取らず、実を取る、それが内藤である。

日向のプロジェクトでは何回もの危機があったが、その一つにJR九州が約束しておきながら駅舎の設計を自社グループの事務所に出すという事件があった（詳細は『新・日向市駅』参照）。基本設計は内藤、川口衞のコンビで行われていたにもかかわらず。JR九州の幹部が基本設計の図面を見て、こんな構造なら君らにもできるだろうと言い、下の連中はうんと言わざるをえなかったのだという。簡単そうに見えても木と鉄のハイブリットは難しいのである。案の定できなかったのだ。川口は手を引くと言い出し、内藤も川口先生が引くなら自分もやらないと言い出したのだ。ここで内藤、川口に引かれてしまっては、日向プロジェクトの目玉である駅舎のデザインはめちゃくちゃになってしまう。川口を何とか説得し、内藤にも残ってもらうことができた。そのかたちは発注を受けた設計事務所の仕事を、デザイン指導するという立場である。面子にこだわる有名建築家なら通常こんな仕事は受けないであろう。実質的によいものができるなら屈辱的な立場でもやるしかない。これが内藤の判断だった。名前は出ないかもしれない、これは普通の建築家では我慢のできないことであろう。ここでも名より実を取る内藤に助けられたのであった。結果的に名は出たのだが。

高知の駅舎ではこういう問題は生じなかった。内藤は全面的に高架にシェルターを載せる案と、一方の脚を駅広に突っ込む案を提示して皆の意見を問うた。その形から前者は「鰹節」、後者は「維新精神」と名づけられた。後者がなぜ維新精神と名づけられたかというと、駅広に脚を突っ込むなどという駅舎はそれまで我が国にはなかったからで、それが駅舎デ

高知駅。脚を駅広に突っ込む「維新精神」の提案が圧倒的な支持を得て実現された。（提供：内藤廣建築設計事務所）

ザインの維新だというのである（駅広は鉄道の敷地ではないので、駅舎の脚を駅広に設置することは普通はできない）。内藤との会話。「高知県人だからなあ、きっと維新精神になるよ」。翌日の新聞の記事の見出しには「鰹節か、維新精神か」となっていたものである。これには苦笑した。高知の人が選んだのは、予想どおり維新精神だった。この構造はけっこう大変で、アーチリブは鉄と集成材のハイブリッドであり、高架に載せる駅表側の取り付けには高度な精度が要求されるのである。工事を受けたゼネコン、鹿島は苦労したようである。篠原の注文は特にはなし。ただ、「もう少し高さを抑えられませんか」というコメントのみである。この駅舎のシェルターはのちに、よさこい節ではないがクジラドームと呼ばれることになった。構造はドームではないのだが。このクジラドームは市役所や防災関係者にはことの他評判がよかった。上空のヘリコプターから見るとひと目で高知駅だと分かるからだ。災害時にはよい目印になる。なるほどそういう見方もあるのかと思ったものである。内藤が参加する前に終わっていた高架のデザインを内藤は褒めてくれた。高架橋の傑作ではないかと。お互いお世辞は言わない仲だから、これはありがたく額面どおりに受け止めている。

旭川の駅舎は手がけた駅の中では最大級の規模である。日向が一面二線、高知が二面四線であるのに対し、旭川は四面七線である。横幅六〇メートル、長さ一八〇メートルの規模である。ちょっとした飛行機の格納庫である。内藤が川口と考え出した案は、例によって多数に上るが、大別するとホームに柱を建てて屋根を支える案と、全く柱を建てずに高架の外側に建てた柱で支える案の二つであった。前者は柱があたかも樹林のように見えるので「樹林案」、後者は「大架構案」と呼ばれることとなった。検討の結果、高架の外側に大規模な柱を建てる余裕がないことが判明し、最終案はその折衷案となった。四叉に分かれた支柱は鋳物である。屋根は鉄骨のトラス組みで悪くはないのだが、少々無愛想の感を免れない。これは予算不足のためで、本当ならボールジョイントの立体トラスとしたかっ

旭川駅の樹林案（上）と大架構案（下）。実現したのはその折衷案である。

函館本線の岩見沢駅。設計は西村浩。完全オープンのコンペで選ばれた。審査委員長は内藤。土木出身者が建築学会賞をとったのは初めてである。同時にGマークの大賞も受賞した。市民を巻き込んだレンガプロジェクトが大成功を収めたのである。

たところである。この六〇メートル、一八〇メートルの大架構の実現を巡って議論は一年近くストップした。コスト増分の七億を誰が負担するかでもめていたのだ。結局、所有者はJR北海道であるには違いないが、駅は市民のものでもあるという前市長の決断で市が金を出したのである。事業主体の一人である北海道庁からは何の音沙汰もないままだった。

いよいよ駅舎の内装仕上げの段階という時になって、内藤は市民の寄付によるタモ材仕上げを選択する。[*14] 岩見沢の駅で西村浩が考え実行した、市民たちの寄付によるレンガ仕上げにならったのである。この岩見沢のレンガは好評だった。内藤は旭川では地場のタモ材でやろうというのである。「まねじゃありませんか」「まねでもいいものはいい」。そんなことにはこだわらないのである。市民のためになれば、それでいい。この市民を巻き込んだ行事は大成功であった。一万人の目標は軽く達成し、開業後は市民から音楽ホールのような駅舎という評価を得るのである。誰のための建築なのか、内藤の考えではそれは明快である。自分のためでも施主のためでもない。

内藤とのコラボレーションはかくのごときで、激しく言い合ったり、深刻な論争になったことはない。お互いに、ここはもうちょっと、という具合のコメントを述べることが大半である。向いている方向が同じ、抱いている価値観を共有しているからであろう。言ってみれば、まことに抑制のきいたコラボレーションだと言えようか。

＊14　内藤は市民の寄付によるタモ材仕上げ材を選択する　JR旭川駅の一、二階の天井や壁の内装に北海道産のタモ材を多用し、暖かい雰囲気にしている。壁のタモ材の一部には、一般公募した一万人の名前を彫り込んだ。刻印料は二〇〇〇円。三か月で募集枠が埋まった。

一一章　ＧＳデザイン会議

GROUNDSCAPE展

東大土木に赴任して一年半を過ぎたころだったのだろう、内藤は篠原がやってきたデザインを世に問う展覧会[*1]を企画していた。それは二〇〇二（平成一四）年の夏のころだったのだろう。篠原には何の相談もなかったから、内藤が何をきっかけに、またどんなふうに事を始めたのかはいまだにわからない。ただ、建築では個人の作品展を行うのは日常茶飯事だから、篠原の作品をネタに展覧会を開こうとしたのは何の不思議でもないといえばいえる。とはいえ、篠原のデザインの対象は建築に比べれば大規模な橋、川やダムなどの土木構造物である。そして土木個人のデザイン展はこの時点まで開かれたことはなかった。内藤にも不安はあったはずである。果たして建築のように土木の作品を展示できるのだろうか。そして、一般市民になじみのない土木をテーマにした展覧会を開いても人が来てくれるだろうか、この点が最も大きな不安であったろう。

内藤は景観研究室の助手、中井祐と福井恒明を引き込み、さらには小野寺事務所の小野寺康と吉谷崇、ワークヴィジョンズの西村浩をも動員して企画を練っていった。このメンバーに土木における景観工学の草分けである中村良夫を加えて実行委員会を立ち上げる。今、考えても中村がこの企画に加わっているのは驚きである。建築の世界であれば、どこの建築家が自分の展覧会が開かれてもいないのに、後輩の建築家の展覧会の実行委員会に委員長として名を連ねるだろうか。

＊1　展覧会「GROUNDSCAPE——篠原修とエンジニア・アーキテクトたちの軌跡」
篠原修が関わってきた土木デザインの主な仕事の紹介を行った展覧会。9つの巨大コルク模型が全国から集まった一四〇名の学生たちによって制作された。大地を表すgroundに、風景を表すscapeを合わせた内藤廣による造語。

どんな不安があったにせよ、内藤はやりだせば徹底的にやらねば気がすまない性格である。すべての作品の模型は木で製作されることになった。それも九作品という多さと大スケールで。木で模型を製作する点については、前川國男展で陣頭指揮をとったことで経験済みだったから自信はあったのかもしれない。ただしほとんどが直線で構成される建築とは違い、土木では地形の表現が不可欠だから、曲線が主流を占める模型製作には相当な苦労があったはずである。選ばれた九作品は橋から朧大橋（福岡県）、勝山橋（福井県）、謙信公大橋（新潟県）、長崎港常盤出島・橋梁群（長崎県）、河川からは宿毛・河戸堰（高知県）と桑名・住吉入江（三重県）、津和野川（島根県）、ダムは苫田ダム（岡山県）、都市からは旭川都市拠点地区（北海道）である。このプロジェクトのうち内藤、篠原のコラボレーションの作品は苫田と旭川のみである。平成八（一九九六）年から始まった内藤、篠原のコラボはまだこの時点では多くの成果を生み出すには至っていなかったのである。

会場はファッションの街、表参道の一角のビルである。時は平成一〇（二〇〇三）年の五月。大林組のTNプローブ[*2]の好意である。内藤がどんな手を使ってこの一等地を使わしてもらうことにしたのか、それも謎である。手元に学生たちが模型の製作に使っていた土木の設計演習室で撮った記念写真がある。篠原を囲んで製作に動員されていた若者たちがにこやかに笑っている写真だ。もう一〇年以上も昔の写真である。建築の大久保康路、木内俊克、土木の西山健一、尾崎信などの顔がある。動員された若者は半年で一四〇人以上

＊2　TNプローブ
一九九五年に大林組の文化事業のひとつとして始められた。都市や建築のありかたを考える場を社会に提供することを目的とする場。アパレルブランドショップの立ち並ぶ表参道に拠点を構えた。

と内藤は記す。展覧会は九作品の展示と、内藤の司会によるシンポジウムが主な内容だった。シンポのメンバーは建築から大野秀敏、都市工から西村幸夫、これに篠原が加わったオール東大教授という豪華なものだった。入場者は一か月で四五〇〇人、大成功であったと内藤は記す。

「土木・建築・都市——デザインの戦場」と内藤がタイトルした座談会には、それぞれがキーワードと考えるスケッチの提出が内藤から課せられた。篠原が提出したのは、「個から連帯」へのスケッチだった。めったに絵を描かない篠原の下手なスケッチである。この展覧会の内容は、内藤の言によれば慣例をやぶってのちに丸善から出版された（普通は展覧会の内容やイベントは本にしないのだという。内藤廣監修『グラウンドスケープ宣言』）。

しかしながら、この展覧会と出版が建築と土木の関係を劇的に変えたとはいい難い。ようやくスタートが切られたといったところだろうか。とはいえ、この展覧会に動員された若者たちの輪が、建築、土木の壁を越えて付き合い始めるきっかけになるのである。その付き合いには工業意匠（ＩＤ）、造園、都市計画の若者も加わる。いかに篠原がダボハゼのごとくにデザイン活動を行い、機会をとらえてしゃべったとしても、内藤が企画、実行したこの展覧会の効果には及ばなかったろう。特に若者にとって。篠原や土木の人間には展覧会を開くという頭はなかった。内藤が東大土木に来たからこその、建築と土木の画期となる出来事だった。

GSデザインワークショップ

この若者を大量動員した盛り上がりを内藤が見逃すわけはなかった。内藤は翌平成一一(二〇〇四)年の夏に若者を鍛えるデザインワークショップ[*3]を企画する。デザイン志向の助手、中井の強い要請もあったのだろうか。会場は土木の設計演習室、募集の学生は建築、土木、都市、ID(デザイン)、造園などの区別は一切なし。エスキスの担当者も建築、土木、都市、デザインと多様であった。我が国のデザイン教育では初めての試みであったろう。一週間の缶詰め演習である。対象地は、すでに内藤、篠原が係わっていた東京の一等地、行幸通りと丸の内の東京駅前広場であった。この第一回目の参加者は三六名。学生は全国から集まった。以降、対象地を横浜の象の鼻広場、茨城県の牛久、銀座と移しながら、このデザインワークショップは現在まで続いている。そして、このデザインワークショップの受講者が次項に述べるGSデザイン会議の若手メンバー(GSデザインユース[*4])のメンバーとなるのである。そのメンバー数一五〇名あまり。GSの活動とその現時点での評価は、やはり次項に譲るがGSの活動が少なくとも将来を担う若者の育成に役立っていることは確かであろう。

＊3 GSデザインワークショップ(GSDW)
土木×建築×都市×造園×歴史×IDなど専門を問わず全国から学生が参加するワークショップ。二〇〇四年に篠原修、内藤廣を発起人とし始まった。年に一度一週間でドローイングや模型を使ったプレゼンまで行う。期間中は、実績に裏打ちされた講師陣のアドバイスを受けることができる。学生同士の横のつながりも生まれている。

＊4 GSデザインユース(GSDY)
GSDWに参加し、他分野との共働を経験したメンバーを中心に構成された組織。活動内容は、見学会、GSDW、交流会、即日設計会、シンポジウム、報告会、論文・設計発表会などさまざま。

GSデザイン会議の発足

平成八(一九九六)年の旭川から始まった内藤と篠原のコラボレーションは、二年後の一九九八年からの日向市駅のプロジェクトで強固なものとなっていた。同時進行の高知駅での仕事や苫田ダムのプロジェクトを通じて、内藤と篠原のコラボレーションは何ら特別なことではなくごく当たり前の仕事のやり方となっていた。プロジェクトに建築の要素があり、それが土木にも不可欠なら組んでやるのは当然である。必要に応じて内藤・篠原組に都市計画や歴史、工業意匠の人間が加わる。もちろん、常に内藤・篠原組というわけではない。時に宮崎の油津（日南市）のように、篠原、佐々木、南雲、小野寺、矢野（歴史）であり、コロンビアのメデジンのように内藤、中井、川添（建築）であった。また島根は出雲大社のプロジェクトでは内藤も篠原も入らない、南雲、小野寺のコンビであることもある。組むメンバーはこのように柔軟性に富むが、メンバーは先に述べた映画の小津組、黒澤組ではないがほぼ固定されるに至った。内藤、篠原、加藤、佐々木、南雲、小野寺、矢野といった面々である。そしてこのメンバーに篠原や内藤の教え子である若手が加わり始める。中井祐、平野勝也、星野裕司、西山穏、西山健一、崎谷浩一郎、吉谷崇、新堀大祐、尾崎信、福島秀哉、田中雅之など（以上、土木）、川添善行、玉田源、瓜生浩二、喜多裕、木内俊克など（以上、建築）。土木と建築のコラボレーションは今、この若手の第二世代、四〇代、三〇代の人間に受け継がれつつある。いずれ中井・川添組、尾崎・喜多組などとなっていくはずである。

内藤と篠原、それによく組む人間といった個人のレベルを超えて、建築や土木の、さらには他の職能も加えたコラボレーションが常識にならねばならない。そのためには都市や国土に係わる多様な専門家が結集する核が必要である。そう考えて立ち上げたのがGSデザイン会議である。平成一七（二〇〇五）年五月発足。内藤が平成一三（二〇〇一）年四月に土木に赴任して四年であった。GSとは、内藤が命名し本人も気に入っているという、グラウンドスケープ（Groundscape）の略称である。従来から使われているランドスケープ（Landscape）では地表面を扱うといったイメージが強く、また日本ではランドスケー

GSデザイン展の模型製作時のショット、内藤の撮影である。

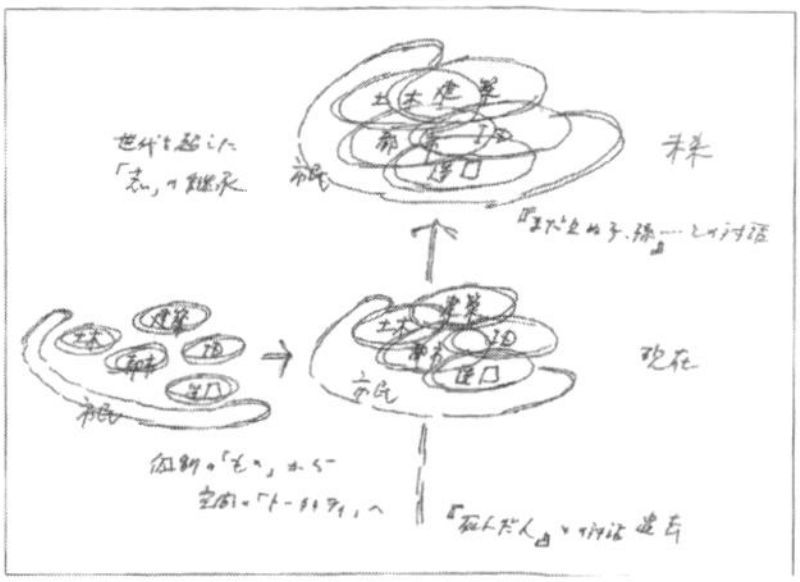

シンポ用に提出した篠原のスケッチ。

プは造園の専売特許と受け取られ誤解を生むからだという。グラウンド、つまり大地と格闘する仕事が我々にはふさわしいのだというのが内藤の意見なのである。

代表は内藤と篠原、建築と土木の共闘組織であるとの宣言である。活動は前項に述べたGSデザインワークショップの実施に加え、シンポジウム、セミナーの開催がある。前者の成果を随時、本として出版してきた。篠原修編『都市の水辺をデザインする』(二〇〇五)、篠原修・内藤廣・辻善彦編『新・日向市駅』(二〇〇九)、篠原修・内藤廣・二井昭佳編『まちづくりへのブレイクルー――水辺を市民の手に』(二〇一〇)、篠原修・内藤廣・川添善行・崎谷浩一郎編『このまちにいきる』(二〇一三、以上、彰国社)などである。

GSデザインワークショップによる若手の育成、シンポジウム、セミナーの開催と出版による世間への広報は一定の成果をあげてきたといえるだろう。しかし建築と土木、これに都市計画、造園、工業意匠、歴史などの多彩な専門家が集結したGSデザイン会議の活動としては物足りなさがあることは否めず、何か肝心な点を見落としているのだと思わざるをえない。一緒にやっていこうという結集軸が見いだせないのである。

平成七(一九九五)年に篠原が始めた「景観デザイン研究会」はデザインを志す土木のエンジニアだけの集まりだった。そしてその集まりの単位は法人(会社)だった。個人では会社の了承が得られず、自由に動けないからという会員からの声でそうしたのである。結局この会は途中からマンネリに陥り、一〇年で限界を感じて二〇〇五年に解散するのだが、今振り返ってみると活動はＧＳデザイン会議よりもずっと活発だった。会員の要請に応えて研究部会をつくり、その部会に予算を配分して自由に活動してもらった。部会は独自に現地見学会を開催し、勉強会を開き、レポートをまとめた。レポートのまとめは予算配分の見返りとして義務付けていたのである。これらの研鑽、勉強の成果ともいえるレポートは一〇年間で何十冊にものぼる。それは上からの指令で動く活動ではなかった。このように会員がある軸のもとに結集できたのは、橋梁部会、河川部会、住宅地部会といったように対象が明快で、そのテーマが自分の仕事に直結していたためである。土木一般というテーマで活動していたわけではない。今思い出して痛切にそう感じる。活動が自分の財産となって、できれば自分の仕事につながること、目標が明快であること、活動の成果が例えばレポートのように目に見えるかたちで残ること。それがＧＳデザイン会議の活動に求められているのだろう。

ＧＳデザイン会議はその会員が多彩、多様であることが今のところ裏目に出ているのである。先に紹介したように、つまり事業主体が札幌市の駅前通と地下通路、創成川のプロジェクトで採用したように、さまざまな専門家をセットにしたチームを対象にプロポーザルやコンペティションで仕事を出してくれれば、結集軸は明快になりＧＳデザイン会議の存在意義は飛躍的に高まるだろう。そしてそのような仕事の仕方はバラバラに発注するよりも明らかに優れているのだ。このようなやり方の実現に向けて、かって佐々木はデザインマネジメントという仕事の必要性を説き、国交省都市局に試行させたことがあった。しかし、それは残念ながら定着しなかった。このようなプロジェクトをチームで一括受注するやり方を推し進めていくと、論理的には役所に技術者が不要になる。それを恐れているのかもしれない（本当は、デザインと技術を適切に評価する技術者が役所にも必要だから不要にはならないのだが）。

橋や住宅といった単体なら別だが、多様な専門家が関与するプロジェクト、例えば駅と駅前広場、再開発と街路、河川と公園、ダムなどでは各種の専門家がチームを組んでデザインを行うほうがよい成果をあげるに決まっているのである。この事実を市民、事業主体にどうアピールし納得してもらうのか、そしてそのためにGSデザイン会議は何をなすべきか、摸索はこれからも続くのだろう。サロン的なJUDIから、土木のみの景観デザイン研究会へ、さらには多様な職能を結集したGSデザイン会議へ。それはトータリティを求めて活動してきた篠原の軌跡でもある。

一応の総括

平成八（一九九六）年に内藤と旭川で一緒に仕事を始めてから一七年、平成一三年に内藤を東大に招聘して一二年。内藤と篠原のコラボレーションは何を生み出しえたのだろうか。GSデザインユースができたことにより、次世代にバトンタッチする若者を育てることには成功しつつある、といってよい。ただし彼らの活動は、いまだ未知数である。とはいえ、内藤と篠原の教え子たちのコラボレーションは今、緒に就きつつある。先に述べたように戦前期の建築と土木のコラボレーションは、建築の構造を土木のエンジニアが支える、あるいは橋の装飾を建築家が担当するといった単体レベルでのコラボレーションだった。そしてその細々としたコラボレーションの関係は戦争と戦後の高度成長期に切れてしまった。旭川をきっかけに始まった内藤と篠原の建築と土木のコラボレーションは、都市計画、ＩＤ、歴史などを巻き込みつつ次世代に引き継がれようとしている。篠原、内藤の一世代若いレベルでは、南雲・小野寺組が津和野川の後の津和野の通りをデザインし、出雲の大社参道を、また建築の若手、渡辺篤志とともに姫路駅の街路整備に取り組んでいる。さらにより一世代若いレベルでは篠原の教え子の中井祐が岩手県の大槌《おおつち》町の復興に取り組む過程で中井組を始動しつつある。ここには役所とのマネジメントを担う兼子和彦（東工大社工）、小野寺に加え篠原の教え子であるＥＡＵの田中毅、山田裕貴がその復興の計画に参加している。さらには中心市街地のサイトプランには内藤の教え子である木内、喜多が動員され、篠原の系列につながる田中雅之も加わるといった具合だ。世界遺産候補になっている佐渡では、南雲と篠原の教え子である崎谷が組み、同じく世界遺産候補になっている熊本県の天草の崎津では、京大出身の田中尚人と篠原の教え子の星野裕司が組んで土木施設の修景デザインと地域活性化のプロジェクトに取り組みつつある。「もう、途切れることはないだろう」。内藤と篠原のコラボレーションは確実に次世代に引き継がれている。そういう手応えを感ずる。

最近つくづく思うこと、それは何よりも建築、土木の壁を意識せずにフランクに付き合っている彼ら、若い世代が羨ましいと思うことだ。篠原が過ごした青春時代には、つまり三〇年、四〇年も前の一九六〇年代、一九七〇年代の時代だが、そんなことは想像もできなかった。当時の土木の学生は建築にデザインコンプレックスを抱き、建築のほうは、これは篠原が建築ではなかったから想像の域を出ないが、こんなことで世の中の役に立つんだろうかという遊民意識に悩んでいたのではないかと思う、良心的な学生は内藤が悩んでいたように（もっともいまだにこの種の悩みとは無関係な建築家もいるようであるが）。仕事の壁以上に意識の溝は深かったのである。

この壁が取り払われ、溝が埋められてフランクな付き合いが可能になったのは、少し手前味噌になるが土木がデザインの実践を積み重ね、建築のほうがそれを認め始めたからだと思う。土木のほうからみれば、篠原の青春時代のような建築デザインコンプレックスが土木の若者からなくなりつつあるのだと思う。

最も重要であるＧＳデザイン会議の今後はと問われると、明快な答えは出せない、残念ながら。ＧＳデザイン会議をテコとする職能のコラボレーションは間違ってはいない。篠原はそう確信する。ただこの方向を、役所をはじめとする事業主体に認めさせ、市民に支持してもらうには時間がかかるだろう。世の中はそう簡単には動かない。そもそもが、内藤と篠原の一代目でそれを成そうと考えるのが間違っているのかもしれない。闘いはまだ始まったばかりなのだから。

松下雅寿
《想樹》 2013年　紙本彩色
41.0×31.8cm

一九九六年、都市計画家の加藤源さんに誘われて、建築家の内藤廣さんと共に旭川の駅と駅前広場、橋、公園などのデザインをやってきた。二〇一四年の夏に全てが完成する。その完成を前に加藤さんが病に倒れ、自宅や病院にお見舞いにお訪れると「車椅子に乗ってでもいけないかなあ」と言うのだった。

この元気ならまだ大丈夫だと思い、今年（二〇一三年）七月に画家の松下雅寿さんと旭川にスケッチ旅行に出かける予定を立てた。絵の完成とまではいかぬにしても、今は見る事の叶わぬ「川の駅」と呼ばれている旭川の駅と広場、忠別川の姿を加藤さんに見てもらおうと考えたのだ。

しかし六月、加藤さんは急逝し、帰らぬ人となってしまった。「想樹」と名付けられたこの絵は、加藤さんの業績を讃える絵であり、加藤さんを偲ぶ鎮魂の絵である。

おわりに

平成一八（二〇〇五）年三月、篠原は東大土木教授の紳士協定に従って、定年を前に六〇才で東大を去った。最終講義が開かれた東大の弥生講堂には四〇〇名にも上る人々が集まってくれた。土木、建築、都市、デザイン、造園、歴史などの別はなかった。うれしかった。内藤との東大教授同僚の生活は丸五年だった。その前年、内藤は篠原と一緒に東大を辞めるつもりだと言った。篠原に呼ばれたのだから、篠原が辞める時に自分も一緒に辞めるのが筋だと思っていたのだろう。五年ではせっかく来てもらった意味がない。篠原は内藤にそう言って、六〇まで、もう五年やってくれるように説得する。それからの五年、内藤は中井、福井と建築から内藤を慕ってきた川添とともに景観研究室を見事に切り盛りする。しかし最後の二年間は内藤にとってはつらい年であったはずだ。父君を亡くし、お母さまを亡くし、さらには奥さまが体調を崩しといった家庭の事情。最後の年にはキャンパス担当の副学長まで務めることになる。公私にわたり多忙であり、心配事が絶えなかったはずである。だがここでも内藤は弱音を吐かなかった。この時期にも篠原は内藤の愚痴を聞いたことはなかった。

そして平成二三（二〇一一）年三月一一日、内藤の最終講義の日が来た。最終講義は工学部一号館一五番教室、午後三時半開始予定だった。篠原は南北線東大前の駅を出て、本郷通りと言問通りの交差点で信号が変わるのを待っていた。二時四六分、突然地面が揺れ始めた。おかしい、なぜ目がまわるのか、二日酔いではないはずだ。揺れは三秒も続いただろうか。外装の塗り替えのために足場を組んでいたビルはいつまでも震えていた。東日本大震災だった。一五番教室に急ぐ。集まった聴衆は一号館前の大銀杏の広場に出ていた。余震が続く。大学の要請で最終講義は中止となった。内藤が大銀杏の下で挨拶を始めた。挨拶は「何か持っているんだよね」という言葉から始まった。再開を約束して散会。一、二歩、歩み寄った、内藤も歩み寄る。大銀杏の下で、出会って以来の初めての握手だった。それが内藤と篠原の一五年のコラボレーション、いや共に過ごした青春時代の言葉で言おう、それは一〇年間の勤めに対する感謝と「連帯」の確認の握手だった。

以下はいわずもがなの話であるが、しかし書いておくことにする。

実はこの原稿にとりかかった時の「はじめに」は以下のような文章だった。「二〇〇一年（平成一三年）四月二日（月）午前一〇時、建築家・内藤廣は篠原修と連れ立って研究室を巡っていた。兼ねてからの念願だった内藤廣招聘が現実になった日であった。東京大学工学部土木工学科教授・内藤廣は、明治一〇（一八七七）年東京大学開学以来初めての他大学・他学科出身の土木工学科教授である」

執筆を一応終えた今振り返ってみると、嫌味な文章だと思わざるをえない。淡々と書いたつもりであったが、心のどこかに建築家・内藤廣を土木に引っ張ってきた自負が潜んでいて、それが思わず表に出ているのである。「どうだ、すごいだろう」とまではいかないにしても、自慢するような感覚である。書き終えた今ではこんな感覚は失せて、淡々とした気分である。建築と土木の壁を乗り越える一歩に、いや、まちづくりや国づくりの障害になっている壁、すべての分野の間にある壁を乗り越える一歩に、ささやかではあるが貢献できたことに満足し、共に走ってきた同志に感謝している。

最後に若者に向けて。持続する意志と地道な努力は世を変えうる。篠原が景観研究を始めた昭和四二（一九六七）年の時点では、景観で飯を食えていたのは当時東大土木の助手、中村良夫ただ一人だった。今手元にある土木学会の土木系教官名簿（二〇一二年版、大学）でチェックしてみると、専門分野に景観と記載されている人間は四八人の多きに上る。これは大学人のみのデータに過ぎないが、ここ四〇年あまりでの出来事である。世の中は変わる、いや変えうるのだ。それを信じろと言っているのではない。事実がそれを示しているのである。

最後になりましたが、脚注を作るという面倒な作業を引き受けてくれた、福島秀哉君と田中雅之君に感謝するとともに、経糸・緯糸・斜め糸が交錯する文章をよしとして出版を引き受けてくれた鹿島出版会の川嶋勝さん、および、すかっとした装丁をしてくれた工藤強勝さんにお礼を申し上げます。

参考文献

一章

1 加藤源『都市再生の都市デザイン――プロセスと実現手法』学芸出版社、二〇〇一年

2 伊藤ていじ『日本デザイン論』SD選書、鹿島出版会、一九六六

3 都市デザイン研究体著『日本の都市空間』彰国社、一九六八

4 内藤鏡子『かくして建築家の相棒――シベリア、スペイン、シルクロード こたえは風のなか』日本図書刊行会、二〇〇一

5 東大全学共闘会議編『ドキュメント東大闘争 砦の上にわれらの世界を』亜紀書房、一九六九

二章

1 正師鈴木忠義先生を囲む有志一同編『鈴木忠義先生の言葉』全三巻、当て塾、二〇〇八

三章

1 今尾恵介監修『日本鉄道旅行地図帳』新潮社、二〇〇八―二〇〇九

2 北海道旅客鉄道総合企画本部地域計画部編『川のある駅――北彩都あさひかわと旭川駅、北海道旅客鉄道・旭川駅に名前を刻むプロジェクト実行委員会』二〇一二

四章

1 篠原修、内藤廣、辻吉彦編『GS群団総力戦 新・日向市駅――関係者が熱く語るプロジェクトの全貌』彰国社、二〇〇九

2 篠原修編『ダム空間をトータルにデザインする――GS群団前走記』山海堂、二〇〇七

五章

1 篠原修『土木景観計画』技報堂出版、一九八二

2 素山・篠原修『ピカソを超える者は――評伝 鈴木忠義と景観工学の誕生』技報堂出版、二〇〇八

3 星野裕司「状況景観モデルの構築に関する研究――明治期沿岸要塞の分析に基づいて」東京大学学位論文、二〇〇五

4 北河大次郎『近代都市パリの誕生――鉄道・メトロ時代の熱狂、河出ブックス』二〇一〇

5 宮内嘉久『建築ジャーナリズム無頼』晶文社、一九九四

六章

1 RIA建築綜合研究所編『建築家山口文象――人と作品』相模書房、一九八二

2 中井祐『近代日本の橋梁デザイン思想――三人のエンジニアの生涯と仕事』東京大学出版会、二〇〇五

3 大谷幸夫編『都市にとって土地とは何か――まちづくりから土地問題を考える』ちくまライブラリー、一九八八

七章

1 夏目漱石『草枕』一九〇六

2　夏目漱石『三四郎』一九〇八
3　中村良夫『湿地転生の記――風景学の挑戦』岩波書店、二〇〇七
4　内藤廣『建土築木1　構築物の風景』『建土築木2　川のある風景』鹿島出版会、二〇〇六
5　内藤廣『構造デザイン講義』王国社、二〇〇八
6　内藤廣『環境デザイン講義』王国社、二〇一一

八章
1　前川國男著、宮内嘉久編『一建築家の信條』晶文社、一九八一
2　芦原義信『外部空間の構成――建築から都市へ』彰国社、一九六二
3　芦原義信『外部空間の設計』彰国社、一九七五
4　篠原修「前川國男の五原則――モダニズム建築に都市への貢献は不可能だったのか」『景観・デザイン研究講演集』No.6、二〇一〇
5　島秀雄編『東京駅誕生――お雇い外国人バルツァーの論文発見』鹿島出版会、一九九〇
6　小野田滋『東京鉄道遺産――「鉄道技術の歴史」をめぐる』講談社、二〇一三
7　篠原修「得な橋、損な建築――橋と河岸の風景」『新建築』一九九七年一一月号
8　宮内『建築ジャーナリズム無頼』
9　太田博太郎『日本建築史序説　増補新版』彰国社、一九六九
10　鈴木博之編『近現代建築史』市ケ谷出版、二〇〇八
11　宮脇檀建築研究室編『コモンで街をつくる――宮脇檀の住宅地設計』丸善プラネット、一九九九
12　大野勝彦『七つの町づくり設計――現代の住宅』丸善、一九九七

九章
1　篠原修「土木という仕事」『積算資料』二〇〇七年四月号
2　前川國男「負ければ賊軍」『国際建築』一九三一年六月号

一〇章
1　橋本忍『複眼の思考――私と黒澤明』文藝春秋、二〇〇六
2　山田太一『ふぞろいの林檎たち』『ふぞろいの林檎たちII』大和書房、一九八八
3　倉本聰『北の国から　前編・後編』理論社、一九八一
　倉本聰『駅　STATION』理論社、一九八一
4　新田匡央『山田洋次――なぜ家族を描き続けるのか』ダイヤモンド社、二〇一〇
5　篠原修、内藤廣、辻吉彦編『GS群団総力戦　新・日向市駅』彰国社、二〇〇九

一一章
1　内藤廣監修『グラウンドスケープ宣言　土木・建築・都市――デザインの戦場へ』丸善、二〇〇四
2　篠原修編『都市の水辺をデザインする――グラウンドスケープデザイン群団奮闘記』彰国社、二〇〇五
3　篠原修・内藤廣・二井昭佳編『まちづくりへのブレイクスルー――水辺を市民の手にGS群団連帯編』彰国社、二〇一〇
4　景観デザイン研究会『活動の軌跡　1993』二〇〇五、二〇〇六

年譜　内藤廣と東大景観研の十五年

土木学会デザイン賞最優秀賞（＊1）・優秀賞（＊2）土木学会田中賞（＊3）日本デザイン振興会グッドデザイン賞（＊4）

年度	プロジェクト（共同／個別）	出版・学外活動	東大景観研	社会
1995 平成7		・景観デザイン研究会（1995発足）	・教授篠原（1991〜） ・景観研究室発足（1993） ・助手B（1994〜） ・景観設計Ⅰ（篠原） ・同Ⅱ（岡田一天） ・都市計画（篠原）	
1996 平成8	・旭川駅舎高架景観検討委員会 ・内藤：安曇野ちひろ美術館 ・篠原：山梨リニア実験線橋梁		・助教授C（日大講師から、前助教授Aは東工大教授へ）	
1997 平成9	・内藤：うしぶか海彩館（くまもと景観賞） 岡倉天心記念館 ・篠原：東京臨海副都心道路 茂原豊田川			
1998 平成10	・宮崎県日向鉄道高架駅舎デザイン研究会 ・宮崎県鉄道高架デザイン検討委員会	・篠原編『景観用語辞典』彰国社	・助手D（東工大助手より、助手Bは山梨大講師へ）	

1999 平成 11	2000 平成 12	2001 平成 13
・内藤：古河総合公園管理棟 ・篠原：中央線東京駅高架橋（＊1） 津和野川（＊2） 浦安境川（＊2） ・内藤：十日町情報館 牧野富太郎記念館 （＊1／村野藤吾賞／IAA国際トリエンナーレグランプリ／毎日芸術賞） ・篠原：阿嘉大橋（＊2） 千葉都市モノレール栄橋	・篠原：大波止橋 勝山橋（＊2） 新港サークルウォーク（＊3） 棒川排水樋門	・内藤：安曇野ちひろ美術館新館 倫理研究所富士高原研修所 最上川ふるさと総合公園センターハウス ・篠原：陣ヶ下高架橋（＊1） 道の駅ならは 桑名住吉入江（＊2）
・篠原『土木造形家百年の仕事——近代土木遺産を訪ねて』新潮社（土木学会出版文化賞） ・内藤『建築のはじまりに向かって』王国社		
・景観設計II（内藤、中井祐）	・助手L（清水建設より）	・助教授内藤（助教授Cは日大教授へ）

年度	プロジェクト（共同／個別）	学外活動	東大景観研	社会
2002 平成 14	・内藤：フォレスト益子 （栃木県マロニエ建築賞） ちひろ美術館東京（BCS賞）		・助教授内藤教授へ	
2003 平成 15	・内藤、篠原：苫田ダム（＊1） ・篠原：新神楽橋 ・内藤：みなとみらい線馬車道駅 （＊2／＊4／日本鉄道賞／ 国交省鉄道局長賞） ・篠原：謙信公大橋（＊2） 常盤出島橋梁群（＊4） 古宇利大橋 野蒜水門 朧大橋（＊2、＊3）	・篠原『土木デザイン論—— 新たな風景の創出をめざして』 東京大学出版会（土木学会出版文化賞） ・石井信行『構造物の視覚的力学—— 橋はなぜ動くように見えるか』 鹿島出版会 ・展覧会「GROUNDSCAPE—— 篠原修とエンジニア・アーキテクト たちの軌跡」	・助手D講師へ	・国交省 「美しい国づくり 政策大綱」
2004 平成 16	・篠原：甲西道路双田橋 出島バイパス 油津堀川運河（＊1） 宿毛河戸堰 地獄平砂防堰堤	・内藤監修『グラウンドスケープ宣言 ——土木・建築・都市——デザインの 戦場へ』丸善 ・内藤『建築的思考のゆくえ』王国社 ・GROUNDSCAPE DESIGN WORKSHOP	・講師D助教授へ	・景観法公布 ・中越地震 （山古志村）

2005 **平成 17**	・内藤：島根県芸術文化センター（International Architecture Award／BCS賞／甍賞 経済産業大臣賞／UD賞／公共建築賞・特別賞） ・篠原：新小倉橋 松田川河川公園 勝山大清水 片山津砂走公園あいあい広場	・景観研編『GROUNDSCAPE――篠原修の風景デザイン』鹿島出版会 ・篠原編『都市の水辺をデザインする――グラウンドスケープデザイン群団奮闘記』彰国社 ・篠原『篠原修が語る日本の都市――その伝統と近代』彰国社 ・中井祐『近代日本の橋梁デザイン思想――3人のエンジニアの生涯と仕事』東大出版会 ・内藤『内藤廣――インナースケープのディテール』彰国社 ・GSデザイン会議発足 ・景観デザイン研究会解散	・4月助手L講師へ ・3月教授篠原退官	・文化庁「文化的景観」制度
2006 **平成 18**	・日向市駅開業 ・篠原：半家橋・川平橋 松山捨町橋梁 中島川バイパス護岸・公園	・内藤『建土築木 1 構造物の風景』『建土築木2 川のある風景』鹿島出版会 ・篠原『景観用語辞典』（増補改訂版）彰国社	・講師L国総研へ	
2007 **平成 19**	・高知駅開業 ・日向市駅鉄道局長賞 ・篠原：横川ダム竣工 ・内藤：とらや工房	・篠原編『ダム空間をトータルにデザインする――GS群団前走期』山海堂 ・内藤『内藤廣対談集――複眼的思考の建築論』INAX出版	・特任助教川添善行	

年度	プロジェクト（共同／個別）	学外活動	東大景観研	社会
2008 平成20	・内藤：日向市駅（優良木造施設林野庁長官賞／ブルネル賞／BCS賞）	・内藤『構造デザイン講義』王国社 ・篠原『ピカソを超えるものは——評伝 鈴木忠義と景観工学の誕生』技報堂出版	・助教川添 ・特任准教授L（国総研から）	・歴史まちづくり法公布
2009 平成21	・高知駅前広場竣工 ・篠原：勝山機広場竣工	・内藤『建築のちから』王国社 ・篠原、内藤、辻編『GS群団総力戦 新・日向市駅——関係者が熱く語るプロジェクトの全貌』彰国社	・助教尾崎信（キャンパス計画室、アトリエ74から）	
2010 平成22	・旭川駅開業 ・篠原：札幌駅前通り・地下通路 京成電鉄橋梁、成田湯川駅	・内藤『内藤廣——NA建築家シリーズ03』日経アーキテクチュア ・内藤『著書解題——内藤廣対談集2』INAX出版 ・篠原、内藤、二井昭佳編『GS群団連帯編 まちづくりへのブレイクスルー——水辺を市民の手に』彰国社 ・内藤『環境デザイン講義』王国社 ・景観研『内藤廣と若者たち——人生をめぐる一八の対話』鹿島出版会 ・エンジニア・アーキテクト協会発足	・内藤副学長（キャンパス計画室長）退官 ・教授中井	・東日本大震災

2011 平成23	・旭川駅舎完成 ・篠原：富山大橋 札幌創成川	・GSデザイン会議NPO法人化	・助教福島秀哉（寒地土木研究所から）	
2012 平成24	・篠原：丹生川ダム（＊4）			

（年譜作成：崎谷浩一郎）

篠原 修（しのはら おさむ）

土木設計家、東大景観研の初代教授。一九四五年栃木県生まれ、神奈川県育ち。東京大学大学院修士課程修了後、アーバンインダストリー入社。東京工業大学研究生、東京大学農学部助手、旧建設省土木研究所主任研究員、東京大学農学部助教授を経て一九八九年東京大学工学部助教授、一九九一年東京大学大学院工学系研究科社会基盤学専攻教授、二〇〇六年政策研究大学院大学教授。現在、東京大学名誉教授、政策研究大学院大学名誉教授、ＧＳデザイン会議代表、エンジニア・アーキテクト協会会長。

主書に『土木造形家百年の仕事――近代土木遺産を訪ねて』（新潮社）、『土木デザイン論――新たな風景の創出をめざして』（東京大学出版会）、『ピカソを超える者は――評伝 鈴木忠義と景観工学の誕生』（技報堂出版）など。

主な設計指導に、辰巳新橋、津和野川護岸・広場、勝山橋、中央線・東京駅高架橋、苫田ダム、日豊本線・日向市駅、土讃線・高知駅、函館本線・旭川駅など。

内藤《ないとう》廣《ひろし》と東大《とうだい》景観研《けいかんけん》の十五年《じゅうごねん》

発行　二〇一三年一一月二一日　第一刷

著者　篠原《しのはら》修《おさむ》
発行者　坪内文生
発行所　鹿島出版会
〒一〇四―〇〇二八　東京都中央区八重洲二―五―一四
電話〇三―六二〇二―五二〇〇　振替〇〇一六〇―二―一八〇八八三

装幀　工藤強勝＋原田和大（デザイン実験室）

印刷・製本　三美印刷

ISBN 978-4-306-09430-7　C0037

本書の内容に関するご意見・ご感想は下記までお寄せ下さい。
URL: http://www.kajima-publishing.co.jp/
e-mail: info@kajima-publishing.co.jp

好評既刊図書

内藤廣と若者たち　人生をめぐる十八の対話
東京大学景観研究室：編
A5変型判・三二〇頁
定価一九九五円（本体一九〇〇円）
ISBN9784306094116
若者を惹きつけてやまない東大教授が、等身大の人生学を語りつくす。才能、旅、死、幸せ……だれもが一度は直面する悩みを真正面からとらえた、濃密な対話を完全再現。生きる勇気がわいてくる言葉で満たされた一冊。

GROUNDSCAPE　篠原修の風景デザイン
東京大学景観研究室：編
A4変型判・一五六頁
定価三九九〇円（本体三八〇〇円）
ISBN9784306072510
日本の風景の回復を願うすべての人へ――。土木設計家による風景デザインの実践、コラボレーションの軌跡。その第一人者・篠原修の思想と仕事をまとめた初のデザイン集。大地の一部となって風景を形成する「GROUNDSCAPE」をヴィジュアルに提示。

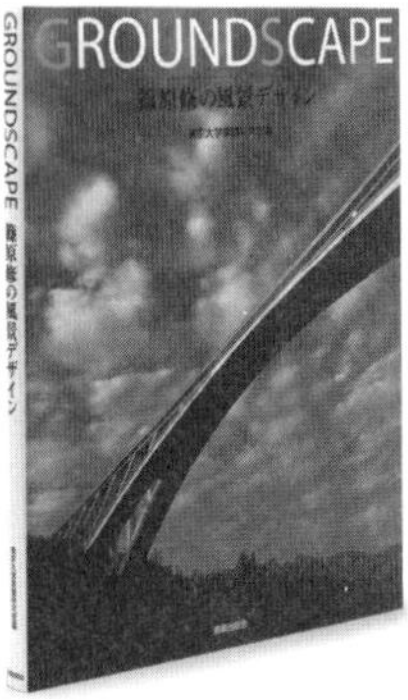

日本の水景　持続する僕の風景
篠原修：文　三沢博昭・河合隆當：写真
B5判・一〇八頁　定価四八三〇円（本体四六〇〇円）
ISBN9784306093515
シビックデザインの原点として、時代に耐え愛され続ける形を求め、エンジニアたちが創造した風景。周囲の自然を巧みに取り込んで優雅な美をつくりだしている日本の水辺の風景を紹介するビジュアルなフォトエッセイ集。

建土築木
内藤廣：文・写真
定価各一八九〇円（本体一八〇〇円）
1　構築物の風景
四六判・一二八頁　ISBN9784306044777
内藤廣、風景を感じ、考え、撮り、書く。「人はなぜ物をつくるか」を思い、無垢な建築・土木たちの輝きと品格を追って列島縦断。土木の教授として格闘する建築家、その思考と眼を凝縮したフォトエッセイ集。
2　川のある風景
四六判・一三二頁　ISBN9784306044784
「構築物から風景へ」の価値転換に向かって、川に寄り添う街を内藤廣が撮る。数千年単位でうつろう川、数百年単位で変わる街――歳月は川に味方する。川の言い分に耳を傾け、反構築的な力による景観の在り方を探る。

株式会社 鹿島出版会
〒104-0028 東京都中央区八重洲 2-5-14　TEL：03-6202-5201（営業）FAX：03-6202-5204
info@kajima-publishing.co.jp　http://www.kajima-publishing.co.jp